한 권으로 끝내는
발명대회의 모든 것

심사위원이 알려 주는 발명대회 준비부터 마무리까지

한 권으로 끝내는

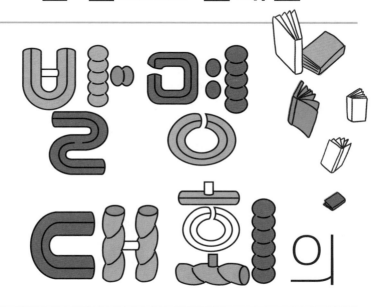

발명대회의

모든 것

문혜진 지음

플루토

저는 중학교 시절 좋아하는 것도 잘하는 것도 없던 평범한 학생이었습니다. 학교 성적도 전교에서 100등 정도로, 공부를 안 하진 않았지만 그렇다고 특출난 점수를 받지도 못했습니다. 그러던 어느 날 한 신문에서 전교 1등을 놓치지 않는 어떤 고등학생의 일과표를 보게 되었습니다. 아침부터 잠들 때까지 하루 종일 공부만 하는 삶을 보고 대단하다고 생각하기보다 오히려 겁을 먹었습니다. 대학 입시만 바라보면서 고등학교 생활을 하고 싶진 않았거든요. 좀 더 의미 있고 재미있는 고등학교 생활을 하고 싶었지요.

저는 고민 끝에 발명·특허 특성화고등학교인 서울 미래산업과학고등학교로 진학했습니다. 이곳은 대학 입시 중심의 일방적인 강의식 수업을 하는 학교가 아니었습니다. 움직이고, 생각하고, 표현할 수 있도록 오감을 자극하는 수업을 들으며 고등학교 3년을 보냈습니다. 학교에서 소방용품에 관한 발명을 할 때는 직접 소방관을 만나 그들에게 필요한 게 무엇인지 인터뷰를 했습니다. 교육용 로봇 프로그램의 단점을 해결한 발명품으로 한 기업에 특허 기술 이전도 해 보았습니다. 시장님 앞에서 직접 발명품을 소개할 기회를 얻기도 했지요.

이때부터 제 삶이 변화했습니다. 발명을 통해 다양한 분야를 접하며 드디어 제가 좋아하고 잘하는 것을 찾게 되었습니다. 그리고 왜 공부해야 하는지 그 이유를 깨달았습니다. 제가 생각한 아이디어를 현실화시키려면 새로운 지식을 알아야 했고, 그러다 보면 스스로 공부할 수밖에 없었습니다.

이후 제가 학창 시절 경험한 발명의 즐거움을 더 많은 청소년에게 전하고 싶다는 꿈을 꾸게 되었습니다. 그래서 몇 년 동안 청소년들의 발명을 지도해 왔습니다. 진로 때문에 고민하는 청소년들에게 발명을 통해 진로를 찾을 수 있도록 도와주고, 때로는 학교 수행평가나 발명대회를 준비하는 청소년을 지도했습니다. 그동안 저와 함께한 청소년들이 발명을 통해 진로를 찾고, 발명대회에서 좋은 성과를 거둬 우수한 대학에 진학하는 모습을 보며 뿌듯했습니다. 다양한 발명대회의 심사위원으로 활동하기도 했지요. 그러나 한편으로는 거리상의 이유로 발명에 관심 있는 모든 청소년을 만나 도와주지 못한 것에 대한 미안함과 아쉬움도 크게 남았습니다.

《한 권으로 끝내는 발명대회의 모든 것》은 그동안의 성과와 아쉬움에 대한 결과물입니다. 매년 발명대회 시즌이 되면 청소년들에게 가르치는 내용을 이 책 한 권에 담았습니다. 1장에서는 발명이란 무엇이고, 발명가란 어떤 사람인지 살펴봅니다. 2장부터 4장까지는 발명 아이디어를 도출하는 법, 우리나라에서 열리는 발명대회, 발명대회 준비 과정과 반드시 알아야 할 점 그리고 발명대회에 참가할 때 가장 중요한 발명대회 문서 작성법을 알아봅니다. 마지막으로 5장에서는 발명대회 2차 심사를 위한 시제품을 만드는 법과 발명대회 대면 발표의 핵심을 설명하고, 발명을 통해 꿈을 이룬 선배들의 이야기를 실었습니다.

《한 권으로 끝내는 발명대회의 모든 것》은 발명에 관심 있는 청소년이 스스로 발명을 할 수 있도록, 그리고 한 번도 발명을 시도한 적 없는 청소년도 발명대회에서 좋은 성과를 이룰 수 있도록 모든 노하우를 모았습니다.

발명대회는 단순히 상을 타기 위한 대회가 아닙니다. 직접 발명을 하고, 발명대회에 출품하기 위해 여러 과정을 준비하다 보면 자연스럽게 새로운 분야와 기술을 탐구하게 됩니다. 다양한 사람을 만나고 색다른 경험을 쌓게 되기도 하지요. 여러분도 발명과 발명대회를 통해 자신의 관심 분야를 찾고 꿈을 향해 나아갈 수 있는 시작점으로 만들기를 바랍니다.

1장

누구나
발명가가
될 수 있다

1

발명이 뭐예요

　요즘 제가 살고 있는 집의 엘리베이터가 너무 오래되고 낡아서 한 달 동안 교체 공사를 하고 있습니다. 그래서 꽤 높은 층에 살고 있는 저는 매일 수백 개의 계단을 오르내리며 생활하고 있지요. 공사 전까지는 엘리베이터가 있다는 사실을 당연하게 생각했습니다. 그런데 지금은 매일 엘리베이터를 볼 때마다 고마움을 느끼고 있습니다.

　최초의 승객용 엘리베이터는 1853년, 미국의 기업가이자 발명가인 엘리샤 그레이브스 오티스가 엘리베이터 안전 브레이크를 발명하면서 탄생했습니다. 엘리베이터 안전 브레이크란 엘리베이터를 운행하다가 줄이 끊어지면 엘리베이터 양옆 가이드 레일의 톱니에 걸리게 하는 비상 안전장치를 말합니다. 만약 오티스가 안전 브레이크를 발명하지 않았다면 지금처럼 엘리베이터가 일상적으로 사용되지 못했을 겁니다.

여러분은 발명이라고 하면 어떤 생각이 떠오르나요? 혹은 생각나는 인물이 있나요? 대부분은 '발명은 머리가 좋거나 지식이 뛰어난 사람들만 할 수 있는 일 같아'라거나 '나는 과학을 잘하지 못하고 창의력도 없어' 아니면 '발명은 토머스 에디슨이나 스티브 잡스 같은 사람들만 할 수 있는 거 아니야?'라는 생각을 합니다. 하지만 발명은 뛰어난 지식을 가진 사람들만을 위한 것이 아닙니다. 과학을 잘하지 못해도, 창의력이 부족해도 누구나 발명을 할 수 있습니다.

우리가 발명을 두려워하는 이유는 세상에 없는 거창한 무언가를 창조해야 할 것 같은 느낌이 들기 때문입니다. 그래서 가장 먼저 발명의 정의부터 새롭게 해 보려고 합니다. 발명이란 경험을 기반으로 하여 불편을 탐구하는 일입니다. 즉 발명은 일상에서 느끼는 불편으로부터 시작됩니다. 여러분도 잠들려고 침대에 누웠는데, 깜빡하고 전등을 끄지 않았던 경험이 한 번쯤은 있을 겁니다. 이럴 때 '누가 대신 전등 좀 꺼 줬으면……' 하고 생각했다면 바로 이것이 발명과 창의적인 생각의 시작입니다.

전등을 편하게 끄는 방법은 다양합니다. 센서를 이용해 손

박을 쳐서 전등이 꺼지게 할 수도 있고, "전등 꺼 줘"라고 말하면 음성을 인식해 자동으로 전등을 꺼 주는 스마트 조명 시스템을 만들 수도 있습니다. 이뿐만이 아닙니다. 간단하게는 공을 던져 전등 스위치를 맞춰서 끌 수도 있고, 스위치 위치를 침대 옆으로 옮기는 것도 방법입니다. 정 귀찮다면 전등을 켠 채로 잠드는 것도 하나의 해결책이 될 수 있지요.

이처럼 우리는 살면서 불편했던 경험이 하나씩은 있습니다. 그런데 불편한 경험을 어떻게 창의적인 생각으로 연결할 수 있는지 잘 모르기 때문에 발명을 어려워하고, 생각조차 하지 않았던 거예요. 결국 발명은 이처럼 일상에서 느끼거나 경험한 불편을 어떻게 해결할 수 있는지 고민하는 과정에서 시작됩니다. 지금부터 불편한 경험이 실제 발명으로 이어진 몇 가지 예를 들어 보겠습니다.

다음 사진들은 어떤 불편을 해결한 발명품일까요? 다리미판 겸 거울은 집이 좁아서 다리미와 거울을 한 공간에서 사용하기 어려운 사람을 위한 발명품입니다. 이 발명품은 한쪽 면은 눕혀서 다리미판으로 쓸 수 있고, 다른 한쪽 면은 세워서 전신 거울로 쓸 수 있습니다. 다리미판과 거울을 효율적으로 결합해 공간을 보다 넓게 활용할 수 있도록 도와주지요.

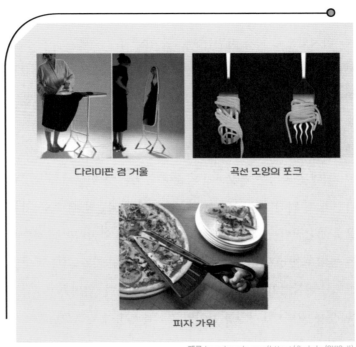

다리미판 겸 거울   곡선 모양의 포크

피자 가위

제공 boredpanda.com(https://buly.kr/9XI8xII)

다음은 곡선 모양의 포크입니다. 포크로 파스타 면을 감아서 먹다 보면 면이 쉽게 풀려 떨어뜨리곤 합니다. 이 발명품은 포크 날을 직선에서 구불구불한 곡선으로 바꾸었습니다. 모양만 바꾸었을 뿐인데 포크를 사용하는 사람은 면을 쉽게 뜨고 안정적으로 먹을 수 있지요. 사소한 것 같아도 파스타를 먹을 때 느끼는 불편을 크게 줄일 수 있습니다.

마지막으로 피자 가위는 피자를 깔끔하게 자르는 동시에 자른 피자를 접시에 옮길 때 토핑이 떨어지지 않도록 도와줍니다. 이전에 있던 피자를 뜨는 도구와 주방용 가위를 합친 발명품이죠. 피자를 같은 크기로 정확하게 자를 수 있고, 자르는 순간 그대로 피자를 들어올려서 옮길 수 있어 편리합니다.

이렇듯 발명은 거창하지 않습니다. 누구나 일상에서 불편을 발견하고, 자신만의 아이디어로 그 문제를 해결할 수 있습니다. 물론 과학적인 원리를 이해하고 실험을 통해 아이디어를 검증하는 능력은 발명가에게 큰 도움이 될 수 있겠지요. 그러나 발명이 반드시 과학적인 지식에 한정된 것은 아닙니다. 발명은 미술, 체육, 인문, 기술 등 다양한 분야의 지식을 활용해 탄생하니까요.

발명에서 가장 중요한 것은 끊임없는 호기심입니다. 처음부터 완벽한 아이디어를 가지고 시작하지 않아도 됩니다. 먼저 여러분 주위에서 일어나는 일들에 호기심을 갖고 꾸준히 관찰해 보세요. 그러다 보면 문제가 보일 것이고, 그 문제에 대한 해결책을 한 번이라도 생각해 보는 겁니다. 이러한 경험을 몇 번 하다 보면 스스로 발명가로서의 역량과 가능성을 발견할 수 있습니다.

누구나 발명가가 될 수 있습니다. 지금부터 호기심을 갖고 주위를 관찰해 보세요. 어느새 더 나은 세상을 위한 아주 특별한 발명 아이디어가 떠오를지도 모릅니다.

2
발명가는 어떤 사람들일까

　토머스 에디슨, BTS, 스티브 잡스, 백종원의 공통점은 무엇일까요? 간단히 말하면 한 분야에서 많은 성과를 이룬 유명인입니다. 그런데 이들 모두 발명가라고 하면 어떤가요? 에디슨은 이미 발명가로 유명한 사람이지만 다른 사람들은 언뜻 이해되지 않을 겁니다. 그렇다면 왜 이들이 발명가인지 한 명씩 살펴보겠습니다.

　에디슨은 무려 1,093건의 발명 특허를 등록한 발명가입니다. 에디슨이 1879년에 발명한 탄소 필라멘트를 사용한 백열전구는 인류의 생활과 산업에 매우 큰 영향을 준 혁신적인 발명품으로 평가받고 있습니다. 사실 전구를 처음 발명한 사람은 영국의 화학자 험프리 데이비입니다. 데이비는 최초의 전구인 데이비 램프를 발명했지만, 엄청난 밝기 때문에 역이나 공장 같은 곳에서만 사용되었다고 해요. 그런데 에디슨이 기존의 전구를 개선해 더 오래가고 가정에서도 사용할 수 있는 적당한 밝기의 전구를 발명한 것입니다. 만약 오늘날까지도 에디슨이 개발한 더 나은 전구가 없었다면 어떨까요? 지금은 밤에도 산책을 할 수 있고, 책을 읽거나 공부를 할 수도 있습니다. 밤에 화장실을 가는 것도 무섭지 않습니다. 그러나 전구가 없다면 한 손에는 등불을 들고 무서움에 덜덜 떨며 화장실을 가야 했을 것입니다. 백열전구 말고도 축음기, 영사기, 축전지 등을 발명하여 우리 생활에 엄청난 영향을 준 에디슨도 어린 시절에는 공부를 잘하지 못했던 것으로 알려져 있습니다. 그러나 그의 어머니는 에디슨이 학교 공부 대신 집 안에 있는 가구들을 분해하고 조립하느라 시간을 보내는 것을 보고도 혼내지 않고 지지해 주었다고 해요. 그 결과 에디슨은 학교에서는 좋은 성적을 받지는 못했지만, 자기 주도적인 학습과 실험을 통해 발명가로서의 역량을 길러 나갈 수 있었습니다.

여러분도 아주 잘 알고 있는 가수 BTS는 어떤 면에서 발명가라고 할 수 있을까요? BTS는 음악과 무대 퍼포먼스 측면에서 혁신적인 발명을 해냈습니다. 감성적인 가사와 다양한 음악 장르를 접목한 특색 있는 사운드로 전 세계인에게 영감을 주고 있지요. 또한 강렬하고 정교한 안무, 다채로운 영상미와 시각적인 요소들을 활용한 뛰어난 무대 연출로 관객들에게 아주 특별한 경험을 선사하고 있습니다. 그러나 BTS에게도 수많은 어려움이 있었습니다. BTS의 데뷔는 다른 가수의 예정된 무대가 취소되자 급작스럽게 이루어졌으며, 작은 기획사에서 데뷔했기 때문에 미디어에 노출될 기회마저 거의 없었습니다. BTS는 이런 상황에서도 유튜브를 통해 진솔하게 팬들과 일상을 공유하며 소통하는 등 자신들만의 방식으로 노력해 왔습니다. 결국 이러한 노력이 결실을 맺어 2022년에는 BTS가 지난 10년간 빌보드 '핫100'에서 1위를 가장 많이 차지한 아티스트로 선정되기도 했지요.

스티브 잡스는 왜 발명가일까요? 잡스는 미국의 컴퓨터·디지털 기기 회사인 애플을 창업하고 이끈 인물입니다. 잡스는 아이팟, 아이폰, 아이패드 같은 제품들을 발명하며 디지털 기기의 패러다임을 완전히 바꾸었습니다. 2007년 잡스가 아이폰을 내놓은 이후, 스마트폰은 음성·영상 통화, 인터넷 검색, 음악 감상과 사진 촬영 등 다양한 기능을 통합한 형태로 발전해 왔습니다.

아이폰이 등장하기 이전에는 길을 찾으려면 종이 지도를 확인하고, 음악을 들으려면 별도의 MP3 플레이어를 가지고 다녀야 했지요. 그런데 잡스의 아이디어 덕분에 이제는 한 대의 스마트폰으로 모든 것을 손쉽게 할 수 있게 되었습니다. 잡스는 2011년에 사망했지만, 그가 세운 애플은 지금도 그의 발명 정신과 디지털 기기에 준 영향력을 이어받아 세계에서 가장 혁신적인 기업 중 하나로 인정받고 있습니다.

요리 연구가이자 각종 프랜차이즈 식당 사업가인 백종원 대표는 600만 명이 넘는 구독자를 가진 유튜버이기도 합니다. 자신의 유튜브 채널을 만들어서 누구나 손쉽게 집에서 요리를 만들어 먹을 수 있는 방법과 노하우를 공유하고 있습니다.

백종원 대표는 대패 삼겹살을 발명한 사람으로도 유명합니다. 백종원 대표가 1992년 고깃집을 차리고 식당에서 손님들에게 직접 고기를 썰어 주려고 기계를 샀는데, 잘못해서 햄을 써는 기계를 사는 바람에 돼지고기가 얇게 돌돌 말린 채 나왔다고 합니다. 이 고기 모양을 본 한 손님이 "뭐야, 삼겹살이 대패처럼 말려 있네!"라며 불만을 표시했다고 하죠. 그런데 백종원 대표는 이 말을 듣고 실패했다고 생각한 것이 아니라, 대패 모양의 삼겹살이라는 뜻에서 아예 '대패 삼겹살'이라는 이름을 붙여 본격적으로 판매를 시작했답니다. 지금은 대패 삼겹살이 누구나 즐겨 먹는 대표적인 고기 종류가 되었고요.

이처럼 실수와 실패가 종종 다른 발명 아이디어가 된 사례들이 있습니다. 오늘날 전 세계인이 사용하는 3M(쓰리엠)의 포스트잇도 원래는 실패한 발명품이었지요. 1970년대 초반 3M 연구원인 스펜서 실버는 강력한 접착력을 가진 접착제 개발 연구를 진행했습니다. 그러나 실버가 개발한 접착제는 접착력이 약해 금방 떨어져 버렸고 실패한 접착제에 아무도 관심을 보이지 않았습니다.

당시 또 다른 3M 직원인 아서 프라이는 교회 성가대에서 찬송가 책을 사용할 때마다 불편을 겪었습니다. 다음에 불러야 할 찬송가를 빨리 찾는 게 쉽지 않았거든요. 그러다가 책갈피처럼 종잇조각을 사용해 특정 페이지를 표시하면 되겠다는 아이디어가 떠올랐습니다. 하지만 종잇조각은 책을 넘기다 보면 자주 떨어지고, 종이가 금방 낡아서 얼마 쓰지 못하고 버려야 했지요.

얼마간 종잇조각을 쓰던 프라이는 더 좋은 방법이 없을까 생각하다가 몇 년 전 실버가 이야기한 실패한 접착제를 떠올렸습니다. 실버의 실패한 접착제는 끈적거리지 않으면서도 붙였던 곳으로부터 쉽게 떼어 낼 수 있었습니다. 프라이는 그 접착제로 종잇조각을 쉽게 붙이고 떼어 낼 수 있는 새로운 제품을 개발하자고 생각했습니다. 이렇게 해서 1977년 실버와 프라이는 서로 협력해 포스트잇의 초기 버전을 개발했고, 계속 품질을 개선해 현재까지도 전 세계에서 널리 사용되는 문구가 되었습니다.

이런 사례는 또 있습니다. 우리가 즐겨 먹는 쫄면은 1970년대 초 국수 공장 직원이 냉면을 뽑으려다가 실수로 기계를 잘못 작동시켜 냉면보다 훨씬 굵은 면을 만들면서 탄생했습니다. 처음에는 잘못 나온 면을 그냥 버리려고 했지만, 근처에서 장사하고 있던 분식집 주인이 이 면을 가져다가 고추장 양념을 해서 개발한 음식이 바로 쫄면입니다.

이 같은 발명 사례를 통해 실패와 실수를 두려워하지 않고 받아들임으로써 새로운 가능성을 찾아내고, 창의적인 아이디어로 발전시킬 수 있다는 것을 알 수 있습니다. 실패에서 얻은 교훈과 지혜는 혁신의 밑거름이 되며, 우리의 성장과 발전을 촉진하는 원동력이 될 것입니다.

발명가는 단순히 새로운 물건을 만드는 사람이 아닙니다. 에디슨, BTS, 잡스, 백종원 대표처럼 어떤 문제를 해결하고 사람들의 삶을 더 낫게 만드는 창의적인 아이디어를 가진 사람을 의미합니다. 또한 어떤 일에 도전하다가 실패와 실수를 해도 다시 끊임없이 연구하고 도전해 결실을 얻어 내는 사람이기도 합니다. 그들은 자신의 꿈과 열정을 따라가며 새로운 아이디어를 현실로 바꾸었지요.

　지금도 우리 주변에서는 계속해서 발명과 혁신이 이뤄지고 있습니다. 스마트폰, 유튜브, 자동차, ChatGPT 등 우리가 일상에서 사용하는 수많은 제품과 서비스가 발명가의 노력 덕분에 탄생했습니다. 이런 점에서 발명가는 우리의 삶을 더 편리하고 진보된 방향으로 이끄는 아주 중요한 역할을 하고 있습니다.

3
세상의 불편을 해결하는 발명 아이디어

　세상에는 여전히 해결되지 않은 다양한 문제가 남아 있습니다. 그렇다면 여러분이 이런 문제를 해결해 세상을 더 편리하고 발전된 곳으로 만들어 보는 것은 어떨까요?

　아직은 발명하는 것이 어렵거나 두렵게 느껴질 수 있겠지요. 앞에서 말했듯이 불편은 발명의 시작입니다. 일상에서는 불편한 순간이 자주 찾아옵니다. 친구를 만나려고 집을 나설 때 휴대전화가 어디에 있는지 찾지 못했던 경험, 화장실에서 휴지가 다 떨어져 당황스러웠던 경험 등을 떠올려 보세요. 이런 작은 불편이 새로운 발명 아이디어와 해결책의 시작이 될 수 있습니다. 그리고 지금까지의 경험과 관찰을 토대로 불편을 해결해 더 나은 방향으로 나아가는 방법을 찾는 겁니다.

어느 날 갑자기 여러분이 가볍게 생각한 아이디어가 누군가의 불편을 없애고, 세상을 더 나은 곳으로 이끄는 혁신적인 발명으로 이어질지도 모릅니다.

다음은 많은 사람이 생활에서 공통적으로 겪는 불편한 경험과 작은 문제점입니다. 여기에서 제시한 문제점을 살펴보다 보면 '이미 이 문제점을 해결한 발명품이 세상에 있는데?'라는 생각이 들 수 있습니다. 그럴 때는 한 걸음 더 나아가 기존 발명품에는 어떤 문제점이 있는지, 기존 발명품이 우리 집에 없는 이유는 무엇인지 등과 같이 새로운 질문을 던져 볼 수도 있습니다. 지금부터 생활 속 불편한 점을 어떻게 하면 개선하거나 없앨 수 있는지, 질문을 확장해 가며 생각해 보겠습니다.

💬 화장실에서 겪는 불편한 점 열 가지

❶화장실 변기에 소변이 튄다.

어떤 방식으로 소변이 튀는 것을 방지할 수 있을까?

변기의 디자인을 바꿔 보면 어떨까?

❷화장실에서 변기 커버를 올리고 내리는 것이 번거롭다.

자동으로 변기 커버가 올라가고 내려가도록 하는 장치를 만들면 어떨까?

원격 제어로 변기 커버를 작동시킬 수 있는 시스템을 개발할 수 있을까?

❸뚫어뻥이 없을 때 변기가 막히면 곤란하다.

자동으로 뚫어뻥과 같은 기능을 하는 장치를 개발할 수 있을까?

처음부터 변기가 막히는 것을 예방하는 기술적인 해결책이 있을까?

❹샤워를 한 후 화장실 바닥이 젖어서 사용하기 불편하다.

바닥의 습기를 빠르게 건조시키는 방법은 무엇일까?

화장실 바닥의 재질을 바꾸면 어떨까?

❺화장실 환풍기의 소음이 커서 시끄럽고 불편하다.

환풍기의 소음을 줄이는 기술적인 개선 방법은 무엇일까?

조용한 환풍기를 개발할 수 있을까?

❻화장실에서 불쾌한 냄새가 난다.

화장실 냄새를 효과적으로 제거할 수 있는 방법은 무엇일까?

화장실에 두면 냄새를 흡수하거나 중화시킬 수 있는 물질에는

어떤 것이 있을까?

❼칫솔과 치약을 동시에 가지고 다니는 것이 불편하다.

특수한 보관통을 개발해 휴대성을 높일 수 있을까?

칫솔과 치약을 일체형으로 만드는 방법은 어떨까?

**❽사람들이 잊어버리고 변기 물을 내리지 않고 나가는 경우가
있다.**

자동으로 변기 물을 내려 주는 감지 시스템을 도입하면 좋지 않

을까?

변기 물을 내리지 않으면 화장실 문이 열리지 않는 방법은 어

떨까?

❾세면대에서 손을 씻을 때 물이 옷에 튄다.

수도꼭지에서 나오는 물의 세기를 쉽게 조절할 수 있는 방법은

없을까?

세면대 앞에 물이 튀는 것을 막아 주는 가림막을 설치하면 어떨까?

❿ 공중화장실에서 용변 소리가 들리는 것이 민망하다.
소리를 줄여 주는 기술이나 장치를 개발할 수 있을까?
화장실에 음악 재생 장치를 설치해 소리를 음악으로 가리는 방법은 어떨까?

💬 안전과 관련해 불편한 점 열 가지

❶ 바람이 강한 날 갑자기 문이 닫혀 손가락이 끼이는 사고가 발생한다.
갑자기 문이 닫히는 것을 감지하고 예방하는 장치를 생각해 볼 수 있을까?
갑자기 문이 움직일 때 자동으로 멈추는 안전장치를 만들 수 있을까?

❷ 어린이들이 가위를 사용할 때 가윗날에 손이 베이기 쉽다.
가윗날이 바깥으로 드러나지 않게 디자인하는 방법이 있을까?

가윗날에 손이 베이지 않도록 날카롭지 않은 가윗날로 바꾸면
어떨까?

❸지하철 안에서 갑자기 화재가 났을 때 소화기를 어떻게 찾을
수 있을까?
지하철 안에 소화기 위치 표지판을 설치해 쉽게 찾도록 하는 방
법은 어떨까?
스마트폰 앱으로 주변에 있는 소화기의 위치 정보를 제공하는
시스템을 개발할 수 있을까?

❹심장제세동기 사용 방법을 모르는 사람이 많다.
심장제세동기 사용 방법을 시각적으로 보여 주는 교육용 앱이
나 장치를 만들면 어떨까?
응급 상황에서 자동으로 작동하는 심장제세동기를 개발하면 어
떨까?

❺범죄자나 낯선 사람이 현관 비밀번호를 알아내어 집에 침입
하는 경우가 있다.
더 강력한 보안 시스템을 개발해 비밀번호 유출을 방지하면 어

떨까?

홍채 인식, 망막 인식 같은 생체 인식 기술을 활용해 현관을 열 수 있는 보안 시스템을 개발할 수 있을까?

❻ 교통사고가 발생할 때 자동차 에어백이 제대로 작동되는지 확인하는 방법은 없을까?

자동차 에어백의 작동 여부를 실시간으로 확인할 수 있는 시스템을 개발할 수 있을까?

스마트폰 앱이나 스마트 기기로 자동차 에어백 정보를 모니터링하는 방법이 있을까?

❼ 자동차 주행 중에 운전자가 휴대전화를 사용하다가 일어나는 사고가 늘고 있다.

운전 중에 휴대전화를 사용하면 이를 감지하고 차단하는 안전 시스템을 개발할 수 있을까?

운전 중에 일정 시간 이상 휴대전화를 사용하면 경고음이 울리는 시스템을 개발할 수 있을까?

❽ 시각장애인용 보도블록의 교체 주기를 쉽게 알 수 있는 방법
은 없을까?

스마트 센서를 활용해 보도블록의 상태를 감지하고 교체 시기
를 알려 주는 시스템을 만들 수 있을까?

시각장애인이 직접 보도블록의 상태를 확인할 수 있는 방법을
개발할 수 있을까?

❾ 시각장애인이 지금보다 더욱 안전하게 도로를 건널 수 있는
방법이 필요하다.

음성 안내 시스템이나 진동 장치를 활용해 시각장애인이 도로를
안전하게 건널 수 있도록 돕는 방법이 있을까?

스마트폰 앱이나 웨어러블 디바이스Wearable device(옷, 시계, 안경 등
다양한 형태로 몸에 착용할 수 있는 기기)를 활용해 교차로에서 안전
하게 도로를 건너도록 돕는 시스템을 개발할 수 있을까?

❿ 어린이가 자동차 사고 걱정 없이 안전하게 자전거를 탈 수 있
는 방법은 무엇일까?

자전거를 타고 있을 때 주변에서 자동차가 접근하고 있다는 것
을 알려 주는 시스템을 개발할 수 있을까?

자동차 운전자에게 자전거를 타는 사람의 위치와 동선 정보를 알려 주는 스마트 시스템은 어떨까?

💬 일상에서 겪는 불편한 점 열 가지

❶ 교복 셔츠 위에 코트를 입으면 셔츠의 소매가 계속 올라간다.

교복 셔츠 소매를 고정하는 장치로 소매가 올라가지 않도록 할 수 있을까?

교복 셔츠 소매에 고무줄을 넣으면 어떨까?

❷ 마스크를 쓸 때 색조 화장품이 묻는다.

마스크 착용 시 화장품이 묻지 않도록 해 주는 방법을 고안할 수 있을까?

화장품이 묻지 않는 특수 소재로 마스크를 만들면 어떨까?

❸ 운전 초보자들은 주차를 할 때 차폭에 대한 감각을 익히기 어렵다.

주차 도움 장치나 알림 시스템을 활용해 차폭 감각을 향상시킬 수 있을까?

주차 연습을 돕는 학습용 앱이나 시뮬레이터를 개발할 수 있을까?

❹손톱이 짧은 사람은 음료수 캔을 따기 어렵다.

음료수 캔을 쉽게 딸 수 있는 도구나 기기를 고안할 수 있을까?

음료수 캔의 디자인을 바꿔서 편리하게 따도록 할 수 있을까?

❺휴대전화 액정 보호 필름을 붙일 때 기포가 들어가 실패하는 경우가 많다.

자동으로 기포를 제거하고 액정 보호 필름을 부착하는 기기나 방법을 개발할 수 있을까?

쉽게 뗐다 붙었다 해서 재사용할 수 있는 액정 보호 필름을 만들면 어떨까?

❻비가 온 후에는 야외 벤치가 젖어서 앉기 어렵다.

비가 오면 자동으로 건조되는 벤치를 개발할 수 있을까?

특수한 방수 코팅이나 소재로 만든 벤치는 어떨까?

❼ 무거운 짐을 들고 있을 때 현관문을 열기 어렵다.

자동문 개폐 시스템을 설치해 무거운 짐을 들지 않고도 문을 열도록 할 수 있을까?

음성 명령 인식 장치나 스마트 기기를 이용해 원격으로 문을 열 수 있는 시스템을 개발할 수 있을까?

❽ 식물에 물을 주어야 할 때를 자꾸 잊어버린다.

자동으로 식물에 물을 주는 장치나 앱을 개발해 물 주기를 자동화하는 방법이 있을까?

식물의 상태를 모니터링하고 알림을 보내 주는 시스템을 만들어서 물 주기를 잊지 않도록 하면 어떨까?

❾ 주택가에 '쓰레기 무단 투기 금지' 문구를 붙여도 사람들이 쓰레기를 마구 버린다.

사람들이 쓰레기 무단 투기가 다른 사람에게 큰 피해를 입힌다는 인식을 갖도록 효과적인 교육용 미디어나 캠페인을 기획할 수 있을까?

쓰레기를 효율적으로 버리는 시스템이나 장치를 도입해 무단 투기를 방지하는 방법이 있을까?

❿ 군인들이 겨울에 훈련을 받을 때 발이 너무 시렵다.

보온 기능이 있는 특수 신발이나 기술을 개발해 발의 시려움을 줄이는 방법이 있을까?

신발을 따뜻하게 유지하는 재료를 이용해 발의 시려움을 줄이는 방법이 있을까?

💬 집에서 느끼는 불편한 점 열 가지

❶ 페트병을 분리수거할 때 부피를 줄이는 일이 번거롭다.

자동으로 페트병을 압축해 부피를 줄이는 기계나 장치를 고안할 수 있을까?

페트병을 압축하고 저장할 수 있는 특수한 용기나 상자를 개발할 수 있을까?

❷ 많은 사람이 페트병을 분리수거할 때 라벨을 떼지 않고 버린다.

쉽게 라벨을 제거할 수 있는 장치나 방법을 개발할 수 있을까?

처음부터 라벨이 없는 페트병 제품을 만들면 어떨까?

❸ 편식하는 아이에게 거부감이 들지 않도록 음식을 먹일 수 있을까?

재미있는 모양이나 색깔로 음식을 만들어 아이들의 흥미를 끌 수 있는 방법이 있을까?

아이가 좋아하는 장난감이나 캐릭터와 관련된 음식을 주면 어떨까?

❹ 옷걸이에 옷을 걸어 말리거나 보관할 때 옷의 목 부분이 늘어난다.

옷을 말릴 때 옷의 목 부분을 보호하는 특수한 옷걸이를 만들면 어떨까?

부드러운 소재나 보호 패드를 사용해 옷걸이를 개선하는 방법이 있을까?

❺ 냉장고에 보관한 음식의 유통기한을 모두 기억하는 것이 어렵다.

냉장고에 보관한 음식의 유통기한이 다가올 때 스마트폰으로 알림을 받는 방법은 어떨까?

냉장고 내부에 카메라를 설치하여 음식의 상태와 유통기한을 실시간으로 확인할 수 있는 시스템을 구축하면 어떨까?

❻ 고무장갑 안에 물이 들어가면 말리기 어렵다.

물이 쉽게 마르는 특수한 소재로 고무장갑을 만들면 어떨까?

물이 쉽게 배출되는 구조를 가진 고무장갑을 만들면 어떨까?

❼ 옷 행거의 높이가 높으면 옷을 꺼내기 힘들다.

특수한 디자인의 옷걸이를 만들어서 옷을 편리하게 꺼낼 수 있을까?

옷 행거의 높낮이를 자동으로 조절할 수 있는 시스템을 개발할 수 있을까?

❽ 냄비마다 크기가 다 달라서 각각 다른 뚜껑을 사용해야 한다.

크기를 조절할 수 있는 뚜껑이나 다용도 뚜껑을 개발해 여러 냄비에 사용할 수 있을까?

유연한 소재나 구조로 여러 크기의 냄비에 모두 사용할 수 있는 뚜껑을 개발할 수 있을까?

❾종이 빨대를 음료수 컵에 오래 두면 종이가 녹아서 음료수 맛이 없어진다.

종이 빨대의 내구성을 더 좋게 만들어 줄 재료가 있을까?

종이 빨대 대신 친환경적인 빨대를 만들어서 사용하면 어떨까?

❿머리숱이 많아서 머리를 감고 나면 헤어드라이어로 오래 말려야 한다.

머리를 빠르게 말릴 수 있는 고속 헤어드라이어나 특수한 헤어드라이어를 개발할 수 있을까?

머리를 말리는 동시에 스타일링까지 할 수 있는 다기능 헤어드라이어를 개발하면 시간을 절약할 수 있지 않을까?

이렇게 세상에는 아직 해결되지 않은 수많은 불편이 있습니다. 발명가는 불편하다고 생각한 점을 그냥 넘어가지 않습니다. 세상의 불편을 해결할 수 있는 창의적인 방법을 떠올리기 위해 끊임없이 고민하고 노력하지요. 우리도 불편한 것들을 어떻게 해결할지 하나씩 고민해 봅시다.

💬 여러분이 생활하면서 불편하다고 생각하거나 경험했던 일을 떠올려 보세요. 그리고 불편을 개선하거나 없앨 수 있는 방법을 생각해 보세요.

1

2

3

4

5

6

7

8

9

10

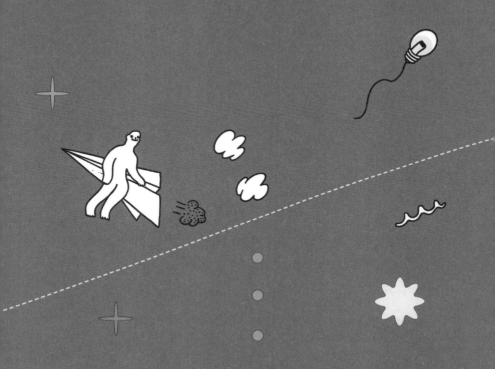

2장

나만의
발명 아이디어를
찾는 법

　인간은 수천 년 동안 창의성과 혁신을 추구하며 놀라운 문명의 발전을 이루었습니다. 그렇다면 이 모든 발전은 어디에서 어떻게 시작되었을까요? 그리고 우리의 삶을 더욱 편리하고 풍요롭게 만들어 준 수많은 발명품은 어떤 과정을 거쳐 만들어졌을까요?

　앞서 말했듯이 발명은 경험에서 나온 불편을 탐구하는 데서 시작됩니다. 대부분의 발명품이 내가 불편했던 일은 개선하고, 좀 더 편리하게 살 수 있는 방법을 고민한 데서 나왔지요. 그런데 일상에서 특별히 불편했던 일을 발견한다고 해도 그 불편을 해결할 수 있는 방법을 찾는 일은 쉽지 않습니다. 다시 말해 발명 아이디어가 금방 떠오르는 건 아니라는 말입니다. 그럴 때는 다양한 발명 아이디어 도출 기법을 활용하면 좋습니다. 5Why 기법, 스캠퍼 기법, RSp 기법 같은 발명 아이디어 도출 기법은 여러분이 차근차근 단계를 밟아 가며 구체적인 아이디어를 찾고 발전시킬 수 있도록 도와줄 것입니다.

발명 아이디어는 창의적 사고와 문제 해결 능력이 합쳐져 나옵니다. 2장에서는 이러한 발명 아이디어를 찾기 위한 기법들을 하나씩 다양한 각도에서 살펴볼 거예요. 또한 새로운 발명 아이디어를 발견하고 나면 어떻게 실제 제품으로 만들 수 있는지 그 과정을 알아보겠습니다.

1
문제의 근본 원인을 찾아 해결하는 5Why 기법

　5Why 기법이란 문제의 근본 원인을 파악하기 위해 최소 다섯 번 이상 반복적으로 '왜'라는 질문을 던지는 방법을 말합니다. 질문은 발명 아이디어를 내는 출발점입니다. 문제의 본질을 파악하고 혁신적인 해결책을 찾는 데 도움이 되니까요. 5Why 기법은 모두 다섯 단계로 이루어져 있습니다.

　사진 속 건물은 미국 토머스 제퍼슨 기념관입니다. 미국 워싱턴 D.C.에 있으며, 1943년에 제3대 대통령인 토머스 제퍼슨을 기념하기 위해 세웠지요. 그런데 시간이 흐르면서 문제가 생겼습니다. 대리석으로 된 기념관의 벽면이 부식되면서 기념관의 전체적인 이미지가 손상된 것입니다. 기념관 관계자들은 처음엔 문제의 원인을 건물이 오래되어 낡았다는 점에만 초점을 맞추고

미국 토머스 제퍼슨 기념관

건물 보수 공사를 했습니다. 여러 차례 건물을 보수했지만, 보수를 해도 오래가지 못했고 왜 자꾸 벽면이 부식되는지 문제의 근본 원인을 찾기가 어려웠습니다.

이런 상황이 반복되자 고심하던 기념관 관계자들은 5Why 기법을 활용해 문제의 원인을 찾아내어 결국 문제를 해결했습니다. 관계자들은 다음과 같은 방식으로 다섯 단계에 걸쳐 질문하고 그에 대한 답을 하며 근본 원인을 찾아냈지요.

왜 대리석 벽면이 빨리 부식되는 걸까요?

답변 대리석 벽면을 세제로 자주 닦아서 그래요.

Why 2 왜 세제로 자주 닦아야 하죠?

답변 벽면에 자꾸 비둘기의 배설물이 묻기 때문에 닦아야 해요.

Why 3 왜 기념관 주변에 비둘기가 많은 걸까요?

답변 비둘기의 먹이인 거미가 많아서 그래요.

Why 4 왜 기념관 주변에 거미가 많은 걸까요?

답변 거미의 먹이인 불나방이 많아서 그래요.

Why 5 왜 불나방이 많은 걸까요?

답변 다른 건물보다 두 시간 일찍 전등을 켜다 보니 불나방이 기념관을 중심으로 모이기 때문이에요.

마침내 대리석 벽면이 부식되는 근본 원인을 알아낸 기념관에서는 전등을 켜는 시간을 늦추었습니다. 그러자 건물에 모여드는 불나방 수가 줄었고, 이로 인해 먹이가 부족해진 거미의 수가 감소하며 거미를 먹는 비둘기까지 사라지게 되었습니다. 비둘기의 배설물이 사라지면서 세제로 벽면을 닦는 일도 줄었고요. 결국 세제의 강력한 화학 성분 때문에 생긴 기념관 벽면의 부식 문제를 해결할 수 있게 되었습니다.

사람들은 보통 어떤 문제가 생기면 당장 눈에 보이는 것에서 원인을 찾고, 최대한 간단한 해결책을 실행하려고 합니다. 예를 들어 어느 날 시험 성적이 떨어졌다면 단순히 공부 시간을 늘려서 해결하려는 것처럼요. 하지만 왜 시험 성적이 떨어졌는지 근본 원인을 찾아내지 못하면 공부 시간만 늘린다고 해서 성적이 오르기 어렵습니다. 성적이 떨어진 이유가 시험을 볼 때 불안을 느껴 평소의 실력을 보여 주지 못했을 수도 있고, 알고 있는 문제였는데도 질문을 꼼꼼히 읽지 않아 답을 잘못 적었기 때문일 수도 있습니다. 그렇다면 내가 왜 시험을 볼 때 불안을 느끼는지 그 원인을 찾아 없애거나, 시험 문제를 더욱 꼼꼼히 읽기 위해 노력하는 연습을 통해 해결할 수 있겠지요.

토머스 제퍼슨 기념관의 대리석 벽면 부식 문제도 마찬가지입니다. 기념관 관계자들이 끝까지 건물 보수 공사만으로 부식 문제를 해결하려고 했다면 큰 비용과 많은 시간이 낭비되었을 겁니다. 근본 원인이 해결되지 않은 상태에서 시간이 지나면 벽면은 또다시 부식될 테니까요.

이렇듯 결론을 내리기 전에 근본 원인을 탐색하지 않으면 올바른 해결책을 찾기도 어렵고, 단기적인 효과만 거둘 뿐입니다. 5Why 기법의 핵심은 이 같은 문제가 생겼을 때 더 이상 답변하기 어려울 때까지 질문함으로써 문제의 근본 원인을 찾아내는 것입니다. 근본 원인을 찾아 원인 자체를 없애면 훌륭한 해결책이 되겠지요. 여러분도 하나의 문제를 찾아 5Why 기법에 따라 문제를 해결해 봅시다.

💬 5Why 기법 이해하기

✦ 문제 찾기

　학교생활을 하면서 여러분이 하고 있는 고민은 무엇인가요?

✦ 문제 정의

　여러 고민 가운데 가장 깊이 고민하고 있는 것을 문제로 정의합니다.

✦ 왜(Why) 질문

[Why]　_____

✦ 다음 왜(Why) 질문

　이전 답변을 바탕으로 다시 '왜'라는 질문을 하면서 문제의 원인을 더 깊이 파고들어 봅니다.

[Why]　_____

✛ 반복 질문하기

위의 과정을 최소 다섯 번 이상 반복합니다.

Why 1 _____

    답변 _____

Why 2 _____

    답변 _____

Why 3 _____

    답변 _____

Why 4 _____

    답변 _____

Why 5 _____

    답변 _____

✛ 근본 원인 도출

위의 과정을 통해 얻은 다양한 문제 원인과 영향을 종합해 근본 원인이 무엇인지 도출합니다.

근본 원인

_____

_____

_____

+ 발명 아이디어 도출

근본 원인을 해결할 수 있는 방법을 생각해 봅니다.

해결 방법 ～～～～～～～～～～～～～～～～～～～～～

💬 5Why 기법을 이용한 발명 아이디어 도출 예시

+ 문제 정의

나는 학교에 자주 지각한다.

+ 왜(Why) 질문

왜 아침에 지각을 자주 하는지 파악하기 위해 '왜'라는 질문을 던집니다.

[Why] 왜 나는 지각을 자주 할까?

+ 다음 왜(Why) 질문

이전 답변을 바탕으로 다시 '왜'라는 질문을 하며, 지각의 원인을 더 깊이 파고들어 봅니다.

[Why] 왜 나는 지각을 자주 할까?

답변 아침에 일어나기 어렵기 때문입니다.

+ 반복 질문하기

위의 과정을 최소 다섯 번 이상 반복합니다.

Why 1 왜 나는 지각을 자주할까?

답변 아침에 일어나기가 어렵기 때문입니다.

Why 2 왜 아침에 일어나기가 어려울까?

답변 밤늦게까지 활동하거나 스마트폰을 하느라 잠이 부족하기 때문입니다.

Why 3 왜 밤늦게까지 활동하거나 스마트폰을 하게 될까?

답변 스트레스를 풀거나 취미 활동을 하거나 SNS를 확인하기 위해서입니다.

Why 4 왜 스트레스를 푸는 데 밤 시간을 사용하게 될까?

답변 숙제가 늦게 끝나기 때문입니다.

Why 5 왜 숙제가 늦게 끝나는 것일까?

답변 숙제하기도 싫고 집중이 잘 되지 않아 멍 때리는 시간이 길기 때문입니다.

✛ 근본 원인 도출

이러한 과정을 통해 얻은 다양한 원인과 영향을 종합해 근본 원인을 도출합니다.

근본 원인 집중력 부족으로 시간을 효율적으로 사용하지 못하기 때문입니다.

✛ 발명 아이디어 도출

근본 원인을 해결할 수 있는 방법을 생각해 봅니다.

해결 방법

• **스마트 시간 관리 앱 개발:** 개인 일정을 자동으로 분석해 일정에 따른 시간을 효율적으로 분배해 주는 스마트폰 앱을 개발합니다. 사용자의 일정과 일정의 우선순위에 따라 작업을 분류하고, 그때그때 해야 할 작업을 알림으로 알려 주어 시간 관리를 도와줍니다.

• **집중 강화 헤드셋 개발:** 이 헤드셋은 뇌파 센서를 활용하여 사용자의 집중도를 실시간으로 모니터링하고 분석합니다. 집중력이 떨어지면 헤드셋은 사용자에게 진동이나 소리 신호를 보내 작업에 집중하도록 도와줍니다. 이를 통해 중요한 작업에 더 많은 시간을 쓸 수 있습니다.

• **전자 기기 사용 제어 장치 개발:** 스마트폰이나 컴퓨터 사용 시간을 제한하거나 특정 시간대에 사용을 차단하도록 설정하는 장치를 만듭니다. 이를 통해 디지털 기기 사용으로 인한 시간 낭비를 줄일 수 있습니다.

2
창의적 아이디어를 내게 해 주는 스캠퍼 기법

스캠퍼SCAMPER 기법은 창의적인 아이디어를 내고 문제를 해결하는 데 도움이 되는 방법입니다. 이 기법은 미국의 광고회사에서 일했던 알렉스 페이크니 오스본이 1971년에 만들었습니다. 스캠퍼는 대체Substitute, 결합Combine, 응용Adapt, 수정Modify, 다른 용도로 사용하기Put to other uses, 제거Eliminate, 역전Reverse의 앞글자를 딴 말로, 각 단계를 따라가면서 기존 아이디어를 변형하고 개선하며 새로운 아이디어를 생각해 내는 것이 목표입니다.

✦ 첫 번째 단계 대체

대체란 주어진 문제나 아이디어의 핵심 구성 요소를 다른 형태로 바꾸거나 대체함으로써 새로운 발명 아이디어를 도출하는 단계입니다. 이 과정을 통해 기존의 시각에서 벗어나 새로운 아이디어를 찾거나 문제를 더 깊이 탐구할 수 있습니다.

사진 속 가방을 본 적이 있나요? 요즘 우리나라에서도 꽤 많은 사람이 사용하고 있는 프라이탁 가방입니다. 프라이탁은 스위스의 가방 회사로, 환경 보호와 재활용을 중요하게 생각하며 창의성과 기능성을 결합한 독특한 제품을 만들고 있습니다. 이 회사는 1993년에 마커스 프라이탁과 다니엘 프라이탁 형제가 세웠습니다. 프라이탁은 주로 트럭의 방수 커버나 자동차 안전벨트 같은 재료를 사용해 가방, 지갑, 액세서리 등 다양한 제품을 제작합니다. 창의성을 발휘해 폐기물로 새로운 제품을 만들어

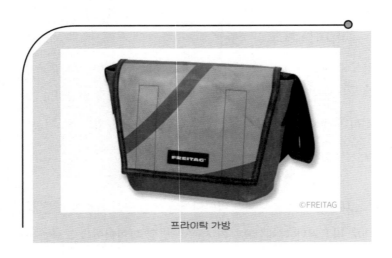

프라이탁 가방

내고 있지요. 그 결과 프라이탁은 환경 친화적이며 지속 가능한 소비를 실천하는 기업의 모범 사례로 인정받고 있습니다.

✚ 두 번째 단계 결합

결합은 기존에 있던 아이디어나 개념을 융합해 각각의 아이디어로 존재할 때보다 더 큰 가치를 만들어 내는 방법입니다.

연필과 지우개가 하나로 묶인 연필 지우개, 볼펜과 LED 조명이 결합된 라이트펜, 그리고 짜장면과 짬뽕이 한 그릇에 함께 나오는 짬짜면 같은 사례가 있습니다. 이러한 발명품에서 우리는 두 가지 이상의 서로 다른 요소를 조합하거나 결합해 새로운 제품, 새로운 경험을 만들어 내는 창의성과 혁신의 힘을 볼 수 있습니다. 특히 짬짜면은 중국집에서 짬뽕과 짜장면 중 어떤 것을 선택할지 고민하는 소비자들의 고민을 덜어 주었습니다. 이후에도 짬짜면은 여러 형태로 확장되어 탕짜면(탕수육+짜장면), 볶짬면(볶음밥+짬뽕) 같은 음식이 나오게 되었죠.

이러한 결합은 음식뿐 아니라 기술, 예술 등 여러 분야에서 나타납니다. 댄스 챌린지는 아이돌 가수들이 자주 하는 홍보 활동입니다. 이들은 노래에 맞춰 60초 내외의 짧은 춤을 같이 추고 이를 SNS에 공유합니다. 혼자 춤추는 것보다 더 많은 팬에게 노래를 홍보할 수 있고, 때로는 서로 다른 팀의 아이돌 가수들이 만나 함께 춤추는 모습을 통해 새로운 매력을 선사하고 있지요.

결합의 핵심은 두 가지 이상의 서로 다른 아이디어나 기술을 조합해 1+1=2가 아니라 1+1=3 또는 그 이상이 되는, 크고 새로운 가치나 효과를 만들어 내는 것입니다. 이를 통해 소비자는 다양한 선택을 경험하고, 기업은 창의적인 제품과 서비스를 개발하게 되므로 시장에서 경쟁력을 강화할 수 있습니다.

✚ 세 번째 단계 응용

응용이란 새로운 문제를 해결하거나 새로운 목표를 달성하기 위해 다른 제품이나 아이디어를 살펴보고, 활용하는 것을 의미합니다.

스캠퍼 기법의 응용 단계를 잘 보여 주는 사례가 있습니다. 코카콜라는 전 세계적으로 잘 알려진 음료 브랜드입니다. 그런데 1910년대 들어 코카콜라의 인기가 급격히 높아지는 것을 본 경쟁 업체들이 코카콜라와 비슷한 제품을 만들기 시작했습니다. 당시 코카콜라 유리병은 단순한 직선 형태여서 다른 곳에서 모방하기 쉬웠습니다. 그래서 코카콜라는 이 문제를 해결하기 위해 '어두운 곳에서 만져도, 깨진 병 조각만 보고도 코카콜라 병임을 알아볼 수 있어야 한다'는 조건을 내걸고 새로운 유리병 디자인 공모전을 개최했습니다. 공모전 결과 현재의 코카콜라 병 디자인이 선택되었죠.

공모전에 당선된 현재 코카콜라 병 디자인의 유래에 대해서는 두 가지 이야기가 있습니다. 하나는 루드라는 유리병 공장 직원이 여자 친구의 주름치마에서 영감을 받아 코카콜라 병 디자인을 시작했다는 이야기입니다. 다른 하나는 알렉산더 사무엘슨을 포함한 유리병 공장 직원 다섯 명이 함께 코코아 열매의 길게 늘어진 볼록한 곡선과 겉면의 흐르는 듯한 세로선에서 영감을 얻어 디자인했다는 이야기고요.

코카콜라 병

어느 쪽 이야기가 맞는지와는 상관없이 코카콜라 병의 디자인 이야기에서 배울 점이 있습니다. 바로 발명이란 다른 사람의 아이디어를 가져와 새로운 시각으로 '응용'하는 것에서 시작한다는 것이지요. 그런데 여기서 중요한 점은 다른 사람의 아이디어를 그대로 본따는 게 아니라는 것입니다. 응용하고자 하는 아이디어를 현재 상황에 맞게 적용해 새로운 것을 창조해야 합니다. 에디슨은 "다른 사람이 이미 사용한, 신기하고 흥미로운 아이디어를 계속해서 찾아보는 습관을 기르는 것이 발명의 시작이다"라고 강조했습니다. 이렇게 기존의 제품을 응용해 탄생한 코카콜라 병의 독특한 디자인은 코카콜라의 상징이 되었으며, 코카콜라 병의 모양을 보고 어떤 음료인지 모르는 미국인은 1퍼센트도 되지 않는다고 합니다.

✦ 네 번째 단계 수정

수정은 기존의 기능, 형태, 구성 등을 조정해 다양한 형태로 발전시키는 것입니다. 빨대를 예로 들어 보겠습니다. 빨대는 기원전 3000년에 고대 수메르인이 큰 항아리에 담긴 맥주를 마시는 데 처음 사용했다고 알려져 있습니다. 1800년대에는 호밀 줄기로 만든 빨대가 대량 생산되어 사용되기 시작했습니다. 그러나 호밀 빨대는 음료에 찌꺼기가 남는다는 단점 때문에 금세 사라지고 맙니다. 그 자리를 마빈 스톤이 개발한 종이 빨대가 대체하게 됩니다. 1888년 마빈 스톤은 연필에 종이를 감아 튜브 형태로 만든 뒤 풀로 붙여 종이 빨대를 만들었지요.

이러한 종이 빨대를 한 단계 더 발전시킨 사람은 조셉 프리드먼입니다. 프리드먼은 딸이 긴 빨대로 밀크셰이크를 마시는 데 어려움을 겪는 모습을 보고 아이디어를 얻었습니다. 그는 종이 빨대 위쪽에 주름을 추가해 구부러지게 만들었습니다. 이 주름 빨대는 병원 환자들 사이에서도 인기를 얻었는데, 침대에서도 편하게 액체를 마실 수 있었기 때문입니다. 조셉 프리드먼은 1937년 9월 28일에 드링킹 튜브Drinking tube라는 명칭으로 특허를 내고, 회사를 설립해 본격적으로 빨대 생산 사업을 시작했습니다.

우리가 자주 사용하는 익숙한 발명품도 단 한 번에 발명되진 않았습니다. 제품으로 만들어졌다고 해도 빨대처럼 여러 번의 수정과 개선 작업을 거쳐 개발되었지요. 여러분도 기존 제품이나 아이디어를 자세히 검토하고, 어떤 부분을 개선하거나 변경할 수 있는지 고민해 보는 것이 중요합니다. 이 과정에서 기존 제품에 새로운 특징이나 용도를 넣어 준다면 혁신적인 제품으로 재탄생할 수 있을 것입니다.

✛ 다섯 번째 단계 다른 용도에 사용하기

다른 용도에 사용하기는 이미 존재하는 아이디어를 찾아 새로운 문제나 새로운 환경에 적용하고 활용하는 단계입니다. 기존의 아이디어가 어떻게 변화하고 발전할 수 있는지 연구하다 보면 새로운 해결책과 결과를 얻을 수 있습니다.

드론이 좋은 예입니다. 원래 드론은 정보 수집이나 정찰 같은 군사 작전에 사용하기 위해 개발되었습니다. 그러나 기술이 발전하고 많은 사람이 창의적인 사고를 발휘하면서 드론은 다양한 분야에서 활발하게 활용되고 있습니다.

농업 분야에서는 드론으로 작물을 모니터링하고 있습니다. 드론이 고공에서 촬영한 영상을 분석하면 작물의 상태를 실시간으로 파악하고, 상태에 따라 물이나 비료를 주는 등 필요한 조치를 취할 수 있습니다. 이를 통해 농작물의 성장을 최적화하고 농업 생산의 효율성도 높일 수 있지요.

드론은 재해가 발생한 뒤 인명을 구조하는 작업에서도 성과를 내고 있습니다. 홍수나 지진 같은 재해가 발생하면 많은 사람이 물에 빠지거나 무너진 건물에 갇히기도 합니다. 이런 상황에서 드론은 위험 지역을 탐색하고, 생존자가 어디에 있는지 탐지하는 데 활용됩니다. 드론을 잘 활용하면 구조 작업자의 위험을 줄여 주고, 인명 구조도 효율적으로 할 수 있습니다.

또한 드론은 영화 촬영이나 홍보 활동에서도 중요한 역할을 하고 있습니다. 드론으로 고공에서 촬영하면 더 생동감 있고 아름다운 영상을 촬영할 수 있어 관객과 시청자들에게 좋은 반응을 얻기도 하지요.

이 같은 드론의 사례는 기존 아이디어 혹은 발명품을 다양한 측면에서 살펴보면, 얼마든지 새롭게 활용할 수 있다는 것을 알려 줍니다.

✦ 여섯 번째 단계 제거

제거는 기존 아이디어나 제품의 요소 가운데 불필요한 부분을 없애거나 간소화해 훨씬 간결하고 효율적인 결과물을 만들어 내는 단계입니다.

다이슨은 1993년 제임스 다이슨이 창업한 영국의 가전제품 회사입니다. 다이슨은 제품 개발 과정에서 불필요한 부분을 제거하고, 기능을 개선하는 방식을 통해 창의적인 아이디어를 실현하고 있습니다.

다이슨 헤어드라이어

　그동안 우리가 사용한 선풍기는 강력한 힘으로 날개를 회전
시켜 시원한 바람을 만들었습니다. 그러나 회전하는 날개 때문
에 언제든지 사고가 생길 수 있으며, 특히 어린이들이 손가락을
다치는 사례도 있었지요.

　이러한 문제를 본 다이슨은 날개가 없는 선풍기를 발명했습
니다. 다이슨 선풍기는 회전하는 날개가 없기 때문에 어린이들
이 손가락을 다칠 위험이 사라졌습니다. 더욱이 선풍기를 청소
할 때 날개를 분해할 필요가 없다 보니 청소도 쉬워졌고요. 천으

로 먼지를 닦아 주는 것만으로도 충분해서 제품을 관리하기가 매우 편리해졌습니다.

다이슨은 무소음 헤어드라이어도 발명했습니다. 기존 헤어드라이어들에서는 아주 시끄러운 소리가 났죠. 다이슨은 소형 모터를 손잡이 안에 넣어 소음이 사람의 귀가 인식할 수 없는 주파수 영역 밖에서 나도록 설계했습니다. 사용자는 헤어드라이어를 장시간 사용해도 조용하고 편안하게 제품을 사용할 수 있게 되었습니다.

이처럼 다이슨은 선풍기와 헤어드라이어를 개발하는 과정에서 불필요한 부분을 제거하고, 기능을 개선하는 방식을 통해 혁신적인 제품을 선보였습니다. 다이슨의 제품은 소비자의 안전과 편의를 고려한 발명 아이디어의 좋은 예입니다.

✦ 일곱 번째 단계 역전

역전이란 이미 존재하는 제품을 역방향으로 생각하여 새로운 방향으로 활용하는 것을 말합니다.

발가락 양말을 신어 본 적이 있나요? 일반 양말은 발가락을 한데 모아 하나의 주머니에 싸는 형태지요. 그런데 발가락 양말은 발가락 하나하나를 각 주머니에 따로 끼우는 형태입니다. 발가락 양말은 1969년 미국 펜실베이니아의 에셀 러슬이 발명했습니다. 러슬은 발가락 사이에 땀이 나면서 통풍이 잘 되지 않는 문제를 해결하고자 이 같은 아이디어를 생각했다고 해요. 발가락 양말은 발가락 부분을 모두 분리함으로써 통기성과 착용감이 좋아지도록 한 혁신적인 디자인입니다. 한국에서는 발가락 양말이 무좀 환자에게 유용하게 사용되고 있습니다. 이렇게 발가락 양말은 역전 기법을 통해 기존 양말 디자인을 뒤집어 생각하여 무좀 환자들에게 적합한 제품을 탄생시킨 사례입니다.

지금까지 스캠퍼 기법을 활용한 다양한 발명품을 살펴보았습니다. 우리 주변에서 일상적으로 사용되는 제품이 어떻게 탄생했는지 알게 되니 흥미롭지 않나요? 아무것도 없는 상태에서 발명 아이디어를 생각해 내는 것이 어렵다면 스캠퍼 기법을 활용해 새로운 아이디어를 생각해 보는 것을 추천합니다. 여러분도 스캠퍼 기법에 따라 발명 아이디어를 도출해 보세요.

💬 스캠퍼 기법 이해하기

일상에서 흔히 볼 수 있는 물건 하나를 정하세요. 청소기, 컵, 책상, 신호등, 자동차, 이어폰 등 아무거나 좋습니다. 여러분이 정한 물건을 가지고 스캠퍼 기법을 활용해 다양한 발명 아이디어를 도출해 보세요.

✛ 질문하기

대체

이 아이디어를 대체할 수 있는 아이디어가 있을까?

다른 산업이나 분야에서 영감을 받아 이 아이디어를 대체하거나 개선할 수 있는 방법이 있을까?

결합

두 가지 이상의 완전히 다른 아이디어를 결합하여 새로운 제품 또는 서비스를 개발할 수 있을까?

다른 문화나 지역에서 영감을 받아 이 아이디어와 결합하면 어떤 독특한 제품을 만들 수 있을까?

응용

이 아이디어를 다른 산업이나 분야에 어떻게 응용할 수 있을까?

다른 문제나 도전 과제에 이 아이디어를 어떻게 응용해 해결할 수 있을까?

수정

이 아이디어의 일부를 수정해 더 친환경적인 제품 또는 서비스를 개발할 수 있을까?

기존 아이디어에서 기술적인 부분을 어떻게 수정하면 더 나은 성능을 얻을 수 있을까?

다른 용도로 사용하기

이 아이디어를 기존 용도 말고 다른 용도로 활용할 수 있을까?

이 아이디어가 필요한 연령대와 성별을 바꿔 보면 어떨까?

제거

가장 필요하다고 생각되는 것을 제거하면 어떤 변화가 생길까?

가장 필요 없다고 생각되는 것을 제거하면 어떤 변화가 생길까?

역전

이 아이디어의 특정 부분을 역전시키면 어떤 결과가 나올까?

이 아이디어의 목표를 정반대로 생각해 보면 어떤 가능성이 열릴까?

✚ 질문에 대한 답 적용하기

	물건	아이디어
대체	예시) 피자	예시) 피자 반죽의 재료인 밀가루를 밥으로 대체해 밥피자를 만들면 어떨까?
결합		
응용		
수정		
다른 용도로 사용하기		
제거		
역전		

3

기존 발명품에서 새로운 아이디어를 얻는 RSp 기법

다음 그림은 무엇일까요? 얼핏 보면 다양한 크기를 가진 수많은 원으로 그린 하나의 커다란 원이지만 대다수는 이를 '개구리'라고 연상합니다. 우리가 이미 개구리라는 개념과 관련된 지식을 가지고 있기 때문이지요. 이러한 지식을 바탕으로 우리는 여러 개의 원이 합쳐져 만들어진 이미지를 개구리로 연결해 해

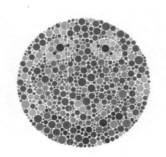

석하게 됩니다.

　이러한 일상적인 지식과 경험을 발명 아이디어를 내는 데 적용할 수 있습니다. RSp^{Reverse Science from Product}라는 발명 아이디어 도출 기법입니다. 일상적인 경험과 제품을 바탕으로 관련 이론을 학습하고, 창의적 발상에 적용하는 기법이지요. RSp 기법에 따르면, 이전에 나온 발명품의 원리와 작동 방식을 탐구해 다른 대상에 적용함으로써 더 창의적인 아이디어를 발견할 수 있습니다.

　그럼 RSp 기법이 적용된 발명품을 살펴보겠습니다. 다음 사진 속 제품은 어두운 곳에서 주변을 잘 볼 수 있도록 도와주는 발명품입니다. LED 우산은 우산에 조명을 달아 비가 오거나 어둡고 흐린 날에도 앞이 잘 보이도록 해 주므로 사고를 예방합니

LED 우산　　　　　　　　LED 신발

다. LED 신발은 밑창에서 불빛이 나와 밤길을 좀 더 밝혀 주고요. 이처럼 LED를 활용한 제품들은 아주 어두운 곳에서도 사람들이 안전하고 편리하게 활동할 수 있도록 도와주지요.

기존 발명품에 적용된 과학적 원리나 발명 원리를 적용해 새로운 발명품을 만든 사례는 아주 많습니다. 예를 들어 원반 모양 과녁에 화살을 맞추는 다트에는 자석의 원리가 숨어 있습니다. 화살에 자석이 들어 있어 과녁에 잘 붙을 수 있는 겁니다. 또한 지상이나 수상에서 약간 떠서 이동하는 선박인 호버크라프트 Hovercraft에는 프로펠러가 달려 있습니다. 엔진의 회전력을 추진력으로 변환하는 회전 날개 장치의 힘을 이용해 앞으로 나아갑니다. 이 발명품들은 이미 많은 곳에서 사용하고 있는 자석이나 프로펠러를 적용했다는 점에서 RSp 기법을 활용한 발명품이라고 할 수 있습니다.

이제 여러분이 직접 Rsp 기법에 따라 발명 아이디어를 생각해 보면 이해하기 쉬울 거예요.

💬 RSp 기법 이해하기

하나의 제품을 두 개로 합쳐 커플이 함께 사용할 수 있는 발명품을 생각해 보세요. 다음 표에 나오는 물건을 보고 그 물건에 해당하는 제품이 무엇일지 상상하며 발명품을 그려 봅니다. 조금 엉성한 그림이어도 괜찮습니다. 그냥 여러분의 머릿속에 떠오르는 생각을 간단하게 스케치한다는 생각으로 그리면 됩니다.

제품	도면	제품	도면
우산		스마트폰 케이스	
장갑		빨대	
열쇠고리		음료수	
식탁		물병	
자전거		풍선	

만약 여러분이 생각한 아이디어와 다른 발명품이 나왔다면, 오히려 기쁜 일입니다. 여러분은 이미 새로운 아이디어를 생각해 냈기 때문이죠. 이 아이디어를 더욱 발전시켜 발명대회에 출전할 수 있도록 해 보세요.

이렇게 발명 아이디어를 스케치한 종이, PPT, 도면 등을 모아서 발명 노트나 발명 개선 과정 노트를 만들면 좋습니다. 이 자료가 나중에 발명대회 문서를 작성할 때나 심사 과정에서 여러분이 발명품을 만들기 위해 얼마나 노력하고 창의적으로 생각했는지 증거로 활용될 수 있으니까요.

다음은 제13기 IP 마이스터 프로그램IP Meister Program 한국특허정보원장 수상 팀의 PPT 일부입니다. 거치형 공기 청정기의 개선 과정을 넣어서 이 팀이 어떤 노력을 했는지 보여 주고 있습니다. 참고로 IP 마이스터 프로그램은 교육부와 중소벤처기업부, 특허청이 주최하고 한국발명진흥회가 주관합니다. 특성화고·마이스터고 학생들이 팀을 이뤄 기업이 제안한 과제나 학생들이 자유롭게 선택한 과제에 대해 새로운 아이디어를 제안하지요. 선정된 아이디어에는 멘토들이 교육과 컨설팅을 지원하는 프로그램입니다.

02 거치형 공기 청정기 초기 아이디어

장점 - 텀블러와 공기청정기의 분리가 간편
- 필터 교체가 용이하도록 제작
- C 타입 포트로 충전이 가능

단점 - 공기청정기 흡입구에 쌓인 이물질이
텀블러 부분에 들어갈 수 있음
- 크기에 의해 정화력이 낮음

발명가: 김나연 김태영 양예담
지도교사: 박민희 선생님

03 거치형 공기 청정기 개선 과정

텀블러 부착형
공기청정기 ➡ 그립톡형
공기청정기 ➡ 거치형
공기청정기

발명가: 김나연 김태영 양예담
지도교사: 박민희 선생님

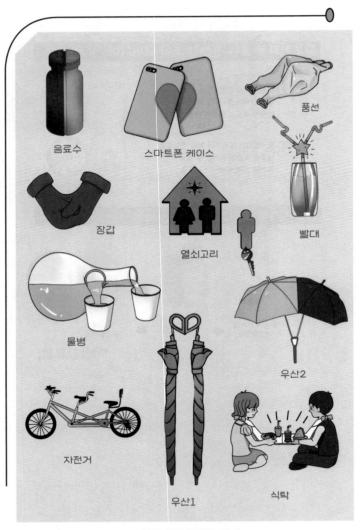

음료수

스마트폰 케이스

풍선

장갑

열쇠고리

빨대

물병

우산2

자전거

우산1

식탁

커플을 위한 발명품 예시

4

발명을 하고 싶은 사람을 위한 조언

한국창의학회는 대한민국 발명 아이디어 공모전을 주최하는 단체입니다. 여기서는 발명을 하고 있거나 발명을 하고 싶어 하는 청소년에게 세 가지 조언을 합니다.

첫째, 너무 대단하고 엄청난 것을 만들려고 하지 마세요. 발명은 무에서 유를 창조하는 것이 아니라 이미 세상에 존재하는 발명품을 더 나은 방향으로 개선하는 일입니다. 아주 작은 발명 아이디어라도 신규성(기존에 없던 새로운 것인가), 진보성(기존의 것보다 발전되었는가), 실용성(실제로 유용하게 사용할 수 있는가)이 있다면 충분히 발명으로 인정받을 수 있습니다.

어느 학교 교실에서 고민을 이야기하는 시간에 한 학생이 수업 시간에 너무 졸린 것이 문제라고 말했습니다. 이 문제를 해결하기 위한 다양한 아이디어가 나왔습니다. 어떤 학생은 친구가 졸고 있으면 취두부 마스크를 쓰게 하는 벌칙을 제안했고, 다른 학생은 졸고 있는 친구를 깨워 줄 수 있는 자동 안마 기계를 학교에 설치하자고 제안했습니다. 이러한 발명 아이디어는 누군가에게는 불가능하거나 너무 간단해서 시시해 보일 수도 있습니다. 그러나 단 한 번에 획기적인 발명품이 탄생할 순 없습니다. 발명을 할 때는 처음 생각한 발명 아이디어를 한 단계씩 차근차근 시도하고 수정하는 과정을 거쳐야 합니다. 무엇보다 아이디어를 점진적으로 발전시키는 것이 중요합니다.

둘째, 여러분의 발명 아이디어를 현재 기술로 실현할 수 있는지 아닌지 따지지 마세요. 불과 15년 전만 해도 지금처럼 휴대 전화 하나로 전화도 하고, 문자도 보내고, 노래도 듣고, 사진도 찍을 수 있을 것이라고는 상상하지 못했습니다. 자율 주행차도 공상 과학 영화에나 등장하는 소재였습니다. 그런데 지금은 많은 기업에서 자율 주행차를 개발해 도로에서 시범 운행하고 있으며, 미래 교통수단의 하나로 주목받으며 발전하고 있지요.

로봇 역시 과거에는 대부분 공장에서 사용되는 산업용 장비로 여겼지만, 요즘은 서비스 로봇, 의료 로봇, 엔터테인먼트 로봇 등이 개발되어 다양한 분야에서 활용되고 있습니다. 실제로 인천국제공항에는 배달 로봇이 있습니다. 공항 이용객이 비행기에 탑승하기 전 게이트에서 음식과 음료를 주문하면 배달 로봇이 앉은 자리까지 배달해 줍니다. 매장에서 줄을 서서 기다리지 않아도 되니 공항에서 더 여유로운 시간을 누릴 수 있지요.

이러한 사례는 기술 발전과 창의적인 발명가들의 노력으로 가능해졌습니다. 따라서 여러분의 발명 아이디어도 현재의 기술적 제약을 벗어나 발전시킬 수 있는 가능성이 항상 열려 있으며, 가까운 미래에 현실화될지도 모릅니다.

셋째, 주변 사람의 시선을 너무 의식해 자신의 생각을 나타내는 것을 두려워하지 마세요. '내 아이디어가 별로라고 하면 어떡하지'라고 미리 걱정하지 않아도 됩니다. 사람은 각자 자신만의 경험과 가치관을 가지고 있기 때문에 발명 아이디어에 대한 평가가 다를 수 있습니다. 오히려 다른 사람의 의견을 듣는 것이 때로는 더 나은 발명 아이디어를 찾는 기회가 될 수 있습니다. 주변 사람들에게 다양한 의견을 들어보고, 비판적으로 생각해 보기도 하면서 자신의 발명 아이디어를 완성시키는 것이 중요합니다. 주변의 시선이나 의견을 너무 의식하지 말고, 여러분의 아이디어를 자유롭게 표현하고 발전시킨다면 혁신적인 발명을 이룰 수 있을 거예요.

3장

발명대회
도전하기

앞서 발명과 발명가란 무엇인지, 발명 아이디어를 도출할 수 있는 세 가지 기법에 대해 살펴보았습니다. 여러분이 이 단계까지 실제로 진행하여 발명 아이디어를 생각해 놓았다면, 그다음은 생각하고 모아 두기만 했던 발명 아이디어를 세상에 공개할 차례입니다.

발명 아이디어를 다른 사람에게 보여 줄 수 있는 가장 좋은 방법은 발명대회 참가입니다. 우리나라에서 시행 중인 각종 발명대회는 청소년의 창의력과 열정을 펼칠 수 있는 특별한 기회입니다. 그런데 막상 발명대회에 참가하려고 하면 어려움과 막막함이 느껴질 때가 많습니다. 나는 어느 대회에 참가하는 게 좋을지, 그 대회에 참가하려면 무엇을 어떻게 준비해야 할지 잘 모르는 경우가 많기 때문이지요.

　3장에서는 우리나라에서 개최하는 청소년 대상 발명대회와 발명 프로그램, 그리고 발명대회 심사위원이 알려 주는 수상 노하우를 알아보겠습니다. 이 장을 읽고 나면 발명대회가 어떤 식으로 진행되는지 구체적으로 그려질 것입니다. 발명대회에 한번 도전해 보고 싶다는 자신감도 얻을 수 있을 거예요.

　여러분의 작은 아이디어 하나가 세상을 바꿀 수 있습니다. 발명대회에 도전해 머릿속 아이디어를 현실로 만들고, 더 큰 성취를 이룰 수 있는 기회도 잡길 바랍니다.

1

청소년을 위한 발명대회

　다음은 매년 우리 나라에서 개최되는 발명대회입니다. 최소 10년 이상 꾸준하게 열린 대표적인 발명대회이지요. 어떤 발명대회를 나가야 할지 고민된다면 여기에서 소개하는 발명대회 가운데 하나를 선택해 도전하는 것을 추천합니다.

　발명대회는 주최하는 기관의 사정에 따라 일정이나 내용이 바뀔 수도 있습니다. 따라서 참가하기로 결정한 발명대회의 개최일 전에 여유 기간을 두고 꼭 홈페이지를 방문하세요. 주최 기관의 공지사항이나 개최에 대한 상세한 내용을 미리 확인하는 것이 좋습니다.

💬 대한민국 학생발명전시회

대상 전국 초·중·고등학교 재학생 및 청소년(13~18세)

출품 개수 1인당 최대 5개

주관 및 주최 한국발명진흥회, 특허청

일시 매년 3~4월 전후

상격 대통령상, 국무총리상, 교육부장관상 등 250여 명

심사 기준 아이디어의 독창성, 실현 가능성, 실생활 적용 가능성

홈페이지 www.kipa.org

→ 지원사업

→ 학생교원 전시/행사

→ 대한민국학생발명전시회

💬 대한민국 청소년 발명 아이디어 경진대회

대상 전국 초·중·고등학교, 대학교 재학생 및 청소년(현역 군인 포함)

출품 개수 1인당 최대 3개

주관 및 주최 대한민국 청소년 발명 아이디어 경진대회 조직위원회, ㈜한국대학발명협회, 국립공주대학교, 한국폴리텍대학

일시 매년 3~4월 전후

상격 대통령상, 국회의장상, 국무총리상 등 200여 명

심사 기준 창의성, 기술성, 실용성, 프레젠테이션

홈페이지 www.invent21.com

→ 국내전시및행사

→ 청소년 발명아이디어 경진대회

💬 전국 학생 과학발명품 경진대회

대상 전국 초·중·고등학교 재학생

출품 개수 1인당 1개

주관 및 주최 국립중앙과학관, 동아일보, 과학기술정보통신부

일시 매년 6~7월 전후

상격 대통령상, 국무총리상, 최우수상 등 300여 명

심사 기준 창의성, 탐구성, 실용성, 노력도, 경제성

홈페이지 www.science.go.kr

→ 특별전·행사

→ 전국학생과학발명품경진대회

YIP 청소년 발명가 프로그램

대상 전국 중·고등학교 재학생 또는 청소년(만13~18세) 3인
으로 구성된 팀

개수 한 팀당 최대 3개

주관 및 주최 한국발명진흥회, 특허청

일시 매년 2~4월 전후

상격 특허청장상, 한국발명진흥회장상 등 20팀

심사 기준 독창성, 창의성, 상용화 가능성, 기술의 진보성,
유사 기술(아이디어) 존재 여부

홈페이지 www.kipa.org

→ 지원사업

→ 미래형 발명인재 양성

→ YIP(청소년 발명가 프로그램)

🗨 전국 창업·발명경진대회

대상 전국 초·중·고등학생

출품 개수 1인당 출품 수 제한 없음(중복 수상 가능)

주관 및 주최 수원도시재단, 삼일공업고등학교 특성화사업단, 경기도의회, 수원특례시, 중부일보

일시 매년 4~5월 전후

상격 국회의장상, 교육부상 등 60팀

심사 기준 창의성, 실용성, 기술성, 경제성, 완성도 등

홈페이지 www.s-talk.or.kr

오래된 대회인 만큼 이러한 발명대회에서 수상하려면 치밀한 전략이 필요합니다. 참가할 발명대회를 선택할 때는 발명대회 준비에 투자할 수 있는 시간, 상격(상을 주는 규정), 대회 일정, 대회 특징, 대회에서 추구하는 목표 등을 고려해야 합니다.

예를 들어 대한민국 학생발명전시회의 경우 1차 서류 심사에 합격한 참가자는 반드시 시제품을 제작해 2차 발표를 해야 합니다. 이 대회는 대통령상, 국무총리상 등 권위가 높은 상에 도전하고자 하는 학생들에게 적합합니다.

YIP 청소년 발명가 프로그램은 다른 사람들과 팀을 꾸려 지원할 수 있으므로 대회를 준비하는 시간과 부담을 줄일 수 있습니다. 프로그램에 합격하더라도 시제품을 제작하지 않아도 됩니다. 더욱이 프로그램에 합격한 팀원들은 약 6개월 이상 변리사(특허 관련 문제에 법률적 도움을 주는 전문가)에게 특허 출원과 발명 특허에 대한 교육을 받을 수 있지요. 그래서 이 대회는 발명을 더욱 깊게 공부하고 싶은 학생들에게 알맞은 대회입니다. 따라서 발명대회에 참가하기 전에 발명대회의 공지사항을 참고하여 자신의 아이디어와 목표에 꼭 맞는 대회를 선택하는 것이 중요합니다.

2
청소년을 위한
발명 프로그램

발명 아이디어를 발표할 기회가 발명대회만 있는 것은 아닙니다. 우리나라 여러 단체와 기관에서는 발명에 관심 있는 청소년이 참여하기 좋은 다양한 프로그램을 진행하고 있습니다. 다음 프로그램은 청소년에게 발명을 지도할 때 청소년들의 만족도가 높은 프로그램입니다. 앞으로 발명과 관련된 활동을 꾸준히 하고 싶다면 발명 프로그램을 통해 교육을 받아 보는 것도 좋은 방법입니다. 무엇보다 이러한 프로그램은 창의성을 키우고 과학적 사고력을 발전시키는 데 도움이 됩니다.

🗨 전국 초·중학생 발명글짓기·만화 공모전

대상 초·중학교 재학생 또는 만 7~15세 이하 청소년

일시 매년 8~9월 전후

상격 교육부장관상, 과학기술정보통신부장관상 등 총 200여 명

홈페이지 www.kipa.org

→ 지원사업 → 학생교원 전시/행사

→ 전국초·중학생발명글짓기만화 공모전

🗨 특허청 청소년 발명기자단

청소년 발명기자단은 특허청이 발명과 지식 재산에 관심 있는 청소년들을 대상으로 2005년부터 운영하고 있습니다. 발명 캠프, YTN 방송 아카데미, 특허 출원 등 특전이 있습니다.

대상 전국 초·중·고등학교 학생

일시 매년 3월 전후

홈페이지 www.ipacademy.net

발명·특허 특성화고등학교

발명·특허 특성화고등학교는 지식 재산 관련 능력과 실무 역량을 가진 기술 인재를 양성하는 것을 목표로 합니다. 발명과 특허 교육을 전공 기술 교육과 결합해 실습 장비로 발명품을 설계하고 제작하는 능력을 키워 줍니다. 참신한 발명 아이디어가 있으면 특허 출원 및 등록까지 진행합니다. 서울 미래산업과학고등학교, 수원 삼일공업고등학교, 부산 대광고등학교, 광주자연과학고등학교, 전남 광양하이텍고등학교, 제주 서귀포산업과학고등학교에서 운영되고 있습니다.

대상 전국 고등학교 1~3학년 학생

일시 매년 11월 전후

홈페이지 mist.sen.hs.kr(서울 미래산업과학고등학교)

samil-th.or.kr(수원 삼일공업고등학교)

school.busanedu.net(부산 대광고등학교)

gyh.hs.jne.kr(전남 광양하이텍고등학교)

sis.jje.hs.kr(제주 서귀포산업과학고등학교)

kns.gen.hs.kr(광주자연과학고등학교)

▢ 발명교육센터

교육청 발명영재교육원 및 전국 207개의 발명교육센터에서 지식 재산 관련 과정 등의 교육을 진행하고 있습니다. 각 지역의 발명교육센터와 자세한 교육 과정은 발명교육포털 사이트에서 확인할 수 있습니다.

대상 지역별로 차이가 있으므로 공고를 확인해야 합니다.

일시 지역별로 차이가 있으므로 공고를 확인해야 합니다.

홈페이지 www.ip-edu.net

→ 발명교육센터

▢ 차세대영재기업인

창의적 기업가로서 잠재력을 가진 젊은 학생들을 성장시키기 위한 맞춤 교육 프로그램입니다. 이 프로그램은 지식 재산을 기반으로 기술 혁신을 주도할 미래 인재를 키우는 것이 목표입니다. 카이스트, 포스텍과 협력해 2년 동안 총 360여 시간 교육하고 있습니다.

일시 매년 8월 전후

대상 중학교 1~3학년 또는 만 13~15세에 해당되는 사람(학교별 학교장 추천자 5명), 교육원별 80명 모집

선발 방법 서류 전형을 통한 1차 합격자 선발(1차), 캠프 전형 또는 인터뷰 전형을 통한 최종 합격자 선발(2차)

홈페이지 ipceo. kaist. ac. kr(KAIST IP영재기업인교육원), ceo. postech. ac. kr(포스텍 영재기업인교육원)

💬 대한민국 인재상

발명가를 비롯해 인문, 과학, 예술 등 다양한 분야에서 미래를 이끌어 나갈 뛰어난 인재로 성장하도록 지원하는 상입니다. 이 상은 현재 우리나라에서 가장 높은 평가를 받는 상 가운데 하나입니다. 역대 수상자로는 김연아, 손연재, 악동뮤지션 이찬혁 등 다양한 분야의 우수한 인물들이 포함되어 있습니다.

일시 7월 전후

대상 대한민국 국적의 만 15세 이상 만 34세 이하 청년

상격 국무총리상, 부총리 겸 교육부 장관상(고등학생 50명, 대학생 및 청년 일반인 50명)

선발 방법 지역 심사 및 사전 심사(서류) → 중앙 심사(서류 및 면접) → 최종 선정 및 발표 → 시상

홈페이지 injaeaward.saramin.co.kr

💬 대한민국 학생창의력 챔피언대회

창의성과 아이디어가 뛰어난 발명 인재를 발굴하고, 시상을 통해 학생 발명 문화를 확산시키기 위한 대회입니다. 참가자는 팀을 이뤄 주어진 과제를 해결하면서 의사소통 능력, 협동 능력, 창의력 등 핵심 역량을 기를 수 있습니다.

일시 2월 전후

대상 대한민국 국적의 초·중·고등학생 및 청소년 4~6인, 지도교사 1인으로 구성된 팀

상격 국가지식재산위원회 위원장상, 교육부장관상 등(학생 36팀, 지도교사 36명)

홈페이지 www.ip-edu.net

→ 대회/전시/행사

→ 대한민국학생창의력챔피언대회

3
심사위원이 알려 주는
발명대회 수상 노하우 1

사실상 우리 눈앞에 보이는 모든 것이 발명입니다. 그러나 모든 발명이 긍정적인 평가를 받는 것은 아닙니다. 발명대회에서 가장 중요한 심사 기준은 활용성입니다. 활용성이란 어떤 발명이 현실적이면서도 실용적인 목적을 가지고 있어야 한다는 말입니다.

만약 100개의 바퀴가 달린 자동차가 발명된다면 어떨까요? 100개의 바퀴를 가진 자동차가 도로를 달린다면, 도로 교통 흐름에 심각한 혼잡을 불러오고 다른 운전자들에게 큰 방해가 될 것입니다. 그럼 횡단보도 신호를 개인이 조작할 수 있는 리모컨이 발명된다면 어떨까요? 개인이 횡단보도를 빨리 건너기 위해 마음대로 교통 신호를 조작한다면, 급격히 변하는 교통 신호에 운전자가 제대로 대처하지 못해 교통사고를 일으킬 거예요. 이처럼 공공의 질서를 해치는 발명품, 다른 사람의 일상에 피해를 주거나 건강을 해칠 수도 있는 발명품, 그 외에 표절처럼 윤리적·도덕적으로 어긋난다고 생각되는 발명품은 발명대회에서 수상할 수 없습니다.

좋은 발명품은 기존의 문제를 실제로 해결하거나 새로운 기능을 제공하는 등 실용적인 목적을 가지고 있어야 합니다. 또한 발명품이 개인 또는 사회적으로 경제적 이익을 가져다주거나 투자한 비용보다 경제적 효율성이 커야 합니다. 금으로 만든 휴지를 만들어서 한 개당 100만 원에 판다면 대부분은 휴지를 구입하지 못하는 것은 물론이고 일상에서 사용하기도 어려울 것입니다. 경제적 이익을 얻기 위해서는 제품의 가격과 품질, 기능 등이 균형을 이루어야 합니다. 결국 100만 원짜리 휴지는 지속 가능한 제품이 못 되겠지요.

활용성이 없는 발명품은 세상에 필요하지 않은 발명품이나 마찬가지입니다. 따라서 활용성이 없는 발명품은 발명대회에서 좋은 결과를 얻기 어렵습니다.

세상에는 실제로 사용되는 제품이 아니라 사람들에게 재미를 주기 위한 발명품을 만드는 사람도 있습니다. 디자이너인 맷 베네데토^{Matt Benedetto}가 그렇습니다. 베네데토는 휴대용 휴지 귀걸이, 입을 가려 주는 커튼 등 생활을 더욱 편리하게 만들기보다 웃음을 주는 것에 초점을 맞춘 발명품을 만듭니다. 베네데토의 발명품들은 결코 나쁜 발명품이 아닙니다. 오히려 재미있고 참신하지요. 그러나 단순히 재미를 넘어 발명대회에서 상을 받고자 한다면, 우리 삶에 유용한 발명품을 고민하고 찾는 것에 더 집중해야 합니다.

맷 베네데토의 인스타그램 @unnecessaryinventions에 들어가면 재미있는 발명품들을 볼 수 있습니다.

4
심사위원이 알려 주는
발명대회 수상 노하우 2

발명대회에서는 노약자, 어린이, 임산부와 같이 사회적으로 약자인 이들을 위한 발명품이 높은 평가를 받는 경우가 많습니다. 발명의 핵심 목표는 더 나은 세상을 만들고 사람들에게 편리한 환경을 조성하며, 불평등 없는 사회를 세워 가는 것입니다. 이러한 발명의 목표를 지킨 아이디어라면 상을 받을 확률이 더 높아질 수밖에 없습니다.

사회적 취약 계층을 위한 발명 아이디어를 생각해 보세요. 실제로 사회 문제를 해결할 수 있는 혁신적인 발명품이 최고 상을 받고 있습니다. 사회 문제와 관련한 발명 아이디어를 생각해 보려면 올해 우리 사회에서 발생한 중요한 문제가 무엇인지, 그 문제의 근본 원인이 무엇인지부터 고민해야 합니다.

그럼 이런 발명의 핵심 목표를 잘 나타낸 발명 사례를 알아 보겠습니다(이 책에서 소개하는 발명품의 실제 사진은 109~110쪽의 방법에 따라 각 홈페이지에 들어가면 볼 수 있습니다).

2015년 세월호 침몰 사고로 많은 사람이 죽었습니다. 여전히 우리에게 가슴 아픈 기억으로 남아 있지요. 사고 당시 배가 침몰하는데도 학생들이 탈출하기 어려웠던 여러 이유가 있습니다. 그 이유 가운데 하나가 선체가 기울어지면서 미끄러운 경사면이 된 복도 바닥이었습니다. 이러한 상황이 벌어졌을 때 더 많은 생존자를 구하기 위한 발명품이 있습니다. 제28회 대한민국 학생발명전시회 산업통상자원부장관상을 수상한 '탈출 계단이 내장된 바닥'입니다. 평상시에는 일반 복도와 같이 평평한 바닥이지만 사고가 발생해 선체의 바닥이 기울어지면 자동으로 계단 모양이 만들어져 인명 피해를 최대한 줄여 주는 발명품입니다.

다른 방식으로 해양 사고에 접근해서 제28회 대한민국 학생 발명전시회 미래창조과학부장관상을 수상한 발명품도 있습니다. 작은 배에서도 쉽게 구명정을 휴대할 수 있고, 작동 방법도 간편한 '1인용 휴대용 캡슐 구명정'입니다. 해상에서 조난 사고가 일어났을 때 구조가 어려운 지역은 물론이고 장기간 표류할 때 조난자의 생존 확률을 크게 높여 주는 발명품입니다.

이러한 발명품은 사회 문제에 대한 하나의 해결책이 될 수 있습니다. 좀 더 다양한 발명대회 출품작을 통해 어떤 식으로 사회 문제와 관련된 발명 아이디어를 떠올리면 좋을지 살펴보겠습니다.

2017년에 충청북도 제천시 스포츠센터에서 화재가 일어나 큰 피해가 발생했습니다. 보통 천장에 달린 스프링클러는 화재가 일어나면 물을 분사해 불이 번지는 것을 억제하거나 진화합니다. 그런데 당시 스포츠센터의 스프링클러가 제대로 작동되지 않아 화재가 커지면서 많은 인명 피해를 낳았습니다.

이 문제를 해결하기 위해 한 초등학생이 스프링클러를 정기적으로 테스트하고 관리할 수 있는 '안심 화재 경보 스프링클러 테스트기'를 발명했습니다. 제31회 대한민국 학생발명전시회 특허청장상을 수상했지요. 이 발명품은 긴 막대를 펼쳐서 천장에 달린 스프링클러와 연결해 스프링클러 시스템이 정상적으로 작동하는지를 지속적으로 모니터링할 수 있도록 만들었습니다. 만약 이상 사항이 발견되면 즉시 경고하고 테스트하여 화재를 초기에 진압해 최대한 피해를 줄이는 데 기여하고 있습니다.

요즘은 미세먼지가 아주 심각한 환경 문제가 되었습니다. 공기질이 나빠지면서 호흡기, 피부 질환을 겪는 등 건강 문제도

갈수록 심각해지고 있지요. 이제는 누구나 미세먼지가 심한 날이면 자연스럽게 마스크를 착용하는 시대가 되었습니다. 그런데 마스크를 착용하는 사람이 늘자 새로운 문제들이 생겼습니다. 그 가운데 하나가 마스크를 사용한 후에 버린 마스크와 새 마스크를 구분하기 어렵다는 것입니다.

이 문제를 직접 겪은 초등학생이 사용 여부를 쉽게 판단할 수 있는 마스크를 발명했습니다. '사용 여부를 알 수 있는 마스크'라는 발명품이지요. 마스크의 포장을 뜯으면 부착되어 있는 빨간색 스티커가 떨어지면서 1차로 즉시 사용 여부 메시지used가 나타납니다. 2차로 푸른색 염화코발트 종이가 수증기와 반응하면 붉은색으로 변하는 원리를 활용해 이중으로 사용 여부를 확인할 수 있도록 제작되었습니다. 이 발명품은 제41회 전국 학생 과학발명품 경진대회 대통령상을 수상했으며, 미세먼지로 인한 문제들을 해결하기 위한 참신하고 실용적인 시도로 평가받았습니다.

제35회 대한민국 학생발명전시회 대통령상을 수상한 '2차 사고 방지를 위한 접이식 휴대용 바리케이드 캐리어'라는 발명품이 있습니다. 자동차 사고가 난 뒤 운전자가 주변에 사고 사실을 알리지 못해 2차 사고가 일어나는 경우가 꽤 많습니다. 앞에

멈춰 있는 사고 차량을 보지 못해 속도를 줄이지 않은 상태에서 사고 차량과 충돌하기도 하고, 사고 차량 근처에 있던 사람을 치기도 하지요. 바로 이런 문제를 해결하기 위한 발명품입니다. 사고가 나면 캐리어 안에 접혀 있던 바리케이드를 잡아당겨 원하는 길이로 바리케이드를 설치할 수 있습니다. 무게가 적고 크기가 작은 대신 쉽게 쓰러지지 않도록 지그재그로 세울 수도 있습니다. 자동차 사고가 범위가 꽤 넓은 경우에도 이 바리케이드를 활용하면 자동차 사고나 고장이 일어났다는 사실을 다른 운전자들에게 쉽게 알려 줄 수 있습니다. 또한 사고 생존자를 보호할 수 있고요. 무엇보다 차에 넣고 다니기 쉬워서 자동차 사고가 발생하면 즉시 활용할 수 있다는 점이 좋습니다.

지금까지 살펴본 발명품의 공통점이 보이나요. 작게는 일상에서 겪는 불편부터 크게는 사회적 재난이나 사고가 발생했을 때 많은 도움을 줄 수 있는 발명품입니다. 이러한 발명 아이디어를 얻기 위해선 여러분 주위에서 일어나는 사건과 사고 등을 그냥 지나치지 않는 태도가 중요합니다. 어떤 발명품을 만들면 각종 사고를 예방하고, 사람들의 안전을 보장할 수 있을지 계속 생각해 보세요.

5
심사위원이 알려 주는
발명대회 수상 노하우 3

　어느 발명대회 심사가 끝나고 다른 심사위원들과 식사를 하던 중이었습니다. 발명대회에 관해 이런저런 이야기를 하다가 한 심사위원이 "최근에 고속도로에서 새들이 유리 벽에 부딪혀 죽는 사례를 보았는데, 이런 문제를 다루는 발명품이 신선하게 느껴질 것 같아요"라는 말을 했습니다. 발명대회는 주로 청소년이 참여하다 보니 학용품이나 일상생활과 관련된 발명 아이디어가 가장 많습니다. 따라서 심사위원의 말처럼 다른 사람이 생각하지 않는 새로운 불편을 해결하는 발명품을 출품한다면 심사위원들에게 더 깊은 인상을 줄 수 있습니다.

　또한 발명대회에 발명품을 제출할 때는 객관적인 근거 자료를 포함하는 것이 아주 중요합니다. 발명대회 심사를 하다 보면

'이게 진짜 활용성이 있을까?'라는 생각을 자주 하게 됩니다. 예를 들어 소방관의 안전을 지키기 위한 어떤 발명을 했다면 심사위원은 소방관이 아니기 때문에 발명의 활용성을 100퍼센트 공감하기가 어렵습니다. 이때 소방관이 현장에서 어떤 어려움을 겪는지 인터뷰한 자료 등과 함께 발명품을 소개한다면 신뢰성이 높아지겠지요. 더불어 수상 확률도 높아질 겁니다.

한 발명대회에서 심사할 때 점자를 활용해 시각장애인의 불편을 해결한 발명품이 제출되었습니다. 하지만 보건복지부의 장애인 실태 조사에 따르면, 시각장애인 중 점자를 사용할 수 있는 사람이 9.6퍼센트, 점자를 사용할 수 없는 사람이 90.4퍼센트라고 합니다. 이 발명품을 제출한 학생은 시각장애인이라면 당연히 점자를 읽을 수 있다고 생각하고 발명한 것이었죠. 결국 활용성 부분에서 높은 점수를 받기 어려웠습니다. 따라서 발명대회에 출품하는 발명품은 관련 분야의 전문가나 해당 문제를 직접 겪은 사람들의 조언, 자료 조사를 통해 최대한 객관적이고 실용적으로 만들어야 합니다.

6

발명대회 준비에서 반드시 해야 할 것

발명대회에 자신의 발명품을 출품하기로 마음먹었다면, 출품을 진행하기 전에 반드시 알아야 할 몇 가지가 있습니다. 많은 청소년이 다음 사항의 중요성을 잘 모르고 지나치곤 합니다. 그래서 충분히 수상 가능성이 높은 발명품을 만들었는데도 탈락하는 경우가 있지요.

첫째, 발명 아이디어가 떠올랐다면, 가장 먼저 검색을 통해 선행 기술을 조사하고 다른 아이디어와의 유사성을 확인해야 합니다. 한 발명대회에서 어떤 학생의 수상이 취소된 적이 있습니다. 그 수상작이 예전 방송 프로그램에서 소개된 발명품과 유사하다는 민원이 제기되었기 때문입니다.

대부분의 발명대회에서는 심사 과정에서 변리사가 선행 기술을 조사합니다. 변리사는 일반적인 인터넷 검색 엔진보다 더욱 체계적이고 전문적인 방법을 통해 사전 조사를 진행합니다. 반면 교내 발명대회는 교외 발명대회보다 선행 기술에 대한 조건이 더 느슨할 수 있습니다. 그러나 교내 발명대회에서 수상한 후 학교 대표로 교외 발명대회에 나가는 경우도 있습니다. 교내 발명대회 때부터 다른 발명 아이디어와 차별성을 확보해 두면 아주 좋습니다. 교외 발명대회에서 수상할 가능성도 크게 높아집니다 (검색 방법과 확인 과정 등 자세한 내용은 다음 장에서 다루겠습니다).

둘째, 발명대회 준비 과정에서 자신의 발명 아이디어가 외부로 유출되지 않도록 주의해야 합니다. 어떤 학생이 발명대회를 준비하는 과정에서 다양한 피드백을 받아 발명 아이디어를 발전시키기 위해 친구와 전문가의 조언을 구했습니다. 그런데 이 과정에서 그 학생이 직접 작성한 발명대회 서류가 외부로 유출되었고, 전혀 관계없던 사람이 해당 서류를 그대로 활용해 특허를 출원한 사례가 있습니다. 피해를 당한 학생 입장에서는 굉장히 화가 나고 억울한 상황이지요.

우리나라는 먼저 특허를 출원하는 사람에게 특허를 주는 선출원주의를 채택하고 있습니다. 어떤 경우든 특허 출원이 되기 전까지는 여러분의 발명 아이디어, 발명품, 발명품 관련 서류가 외부로 유출되지 않도록 각별히 신경 써야 합니다. 따라서 발명대회를 준비할 때는 절대 자신의 SNS, 블로그, 이메일 등 공개적인 곳에 아이디어를 공유하지 않도록 합니다. 또한 대한변리사회(www.kpaa.or.kr)에서는 청소년에게 무료로 특허 출원을 지원해 주는 공익 변리를 하고 있습니다. 발명을 마친 후에는 가급적 빠르게 특허 출원을 진행해 자신의 발명품을 법적으로 보호하는 것이 중요합니다. 발명품의 수준을 높이기 위해 다른 사람들의 의견을 듣고 싶다면, 직접 만나 이야기하거나 믿을 수 있는 사람들하고만 공유하세요.

셋째, 틈틈히 다른 학생들의 발명대회 수상작을 살펴보세요. 어떤 유형의 발명품이 주목을 받았는지, 어떤 문제를 해결하려고 노력했는지, 심사위원이 어떤 기준으로 작품을 평가했는지 등 여러 정보를 얻을 수 있습니다. 또한 비슷한 주제나 문제에 대한 다른 시각을 발견하여 자신의 발명 아이디어를 발전시키고 개선할 수 있는 힌트를 찾을 수도 있고요.

다음은 대표적인 발명대회 홈페이지에서 수상작을 살펴볼 수 있는 방법입니다.

💬 대한민국 학생발명전시회

① www.ip-edu.net 접속
② 홈페이지 상단 메뉴 중 '발명교육콘텐츠' 클릭
③ 하위 메뉴 '교수자료 및 발간콘텐츠' 클릭
④ 하위 메뉴 '발명창의력대회 수상작품집' 클릭
⑤ 역대 수상작품집 PDF 다운로드 후 살펴보기

💬 대한민국 청소년 발명 아이디어 경진대회

① www.invent21.com 접속
② 홈페이지 상단 메뉴 중 '자료실' 클릭
③ 하위 메뉴 '발명아이디어' 클릭

💬 전국 학생 과학발명품 경진대회

① www.science.go.kr 접속
② 홈페이지 상단 메뉴 중 '특별전·행사' 클릭
③ 하위 메뉴 '전국학생과학발명품경진대회' 클릭

❹ 하위 메뉴 '경진대회 통합검색' 혹은 '수상작품 설명 영상' 클릭

💬 서울시 직업계고 창의아이디어 경진대회

❶ blog. naver. com/2019sca 접속
❷ 메인 화면에서 'SCA 수상작' 클릭

발명 아이디어 노트 ✺

• • • 평소 생각해 둔 발명 아이디어를 노트에 정리해 보세요.

날짜	
발명품의 명칭	
발명의 동기	
발명품의 도면	
발명품의 내용	
발명품의 효과	
발명의 선행 기술	

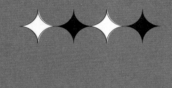
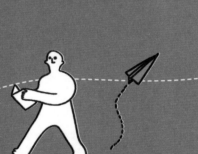

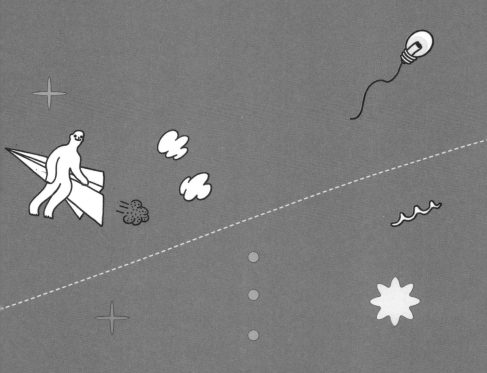

4장

발명대회
문서를
작성하는 법

발명대회 수상의 핵심은 공감입니다. 나의 발명품이 상을 받는다는 건 그 발명품의 가치를 인정받는다는 의미이지요. 그래서 발명대회의 심사위원과 관중들에게 자신의 아이디어를 효과적으로 전달해 공감을 얻는 것이 가장 중요합니다. 발명대회 심사위원은 발명품이 현실에서 느끼는 불편한 문제를 얼마나 해결해 줄 수 있는지, 사회적으로 얼마나 유용한지, 그리고 다수의 사람에게 얼마나 큰 영향을 줄 수 있는지를 고려해 심사합니다. 이런 심사위원의 기준을 생각해 보면 발명대회에서는 단순히 기술적인 면만을 강조하는 것이 아니라, 발명품이 어떤 문제를 해결하며 어떤 가치를 가지는지 명확하게 설명할 수 있어야 합니다.

사진 속 발명품은 책꽂이에 책이 꽉 차 있지 않으면 책이 쓰러지는 문제를 해결한 '도서 정리가 편리한 책꽂이'입니다. 이 발명품은 서울시 직업계고 창의아이디어 경진대회에서 은상을 수상했지만, 전국 학생 과학발명품 경진대회에서는 예선 탈락했습니다. 똑같은 발명품임에도 왜 한 대회에서는 수상하고, 다른 대회에서는 예선 탈락했을까요?

발명대회는 학교 시험처럼 정해진 답이 없습니다. 발명품은 개인이 내놓은 창의적인 아이디어의 산물입니다. 따라서 발명품의 가치를 평가할 때 심사위원 개개인의 주관과 가치관에 따라 다를 수 있지요. 도서 정리가 편리한 책꽂이를 보고 어떤 사람은 "와, 정말 멋진 아이디어인데!"라고 느낄 수 있지만, 어떤 사람은 "음, 나는 그다지 필요하지 않을 것 같은데……"라고 느낄 수 있다는 뜻입니다.

1

발명대회 문서 작성의 시작

앞에서 말했듯이 나의 발명품이 주관과 가치관이 다른 심사위원 모두를 만족시키려면 공감을 얻어야 합니다. 발명대회에서 심사위원의 공감을 얻기 위해 가장 중요한 과정이 발명대회 문서 작성입니다. 문서 안에 발명품의 명칭, 동기, 내용, 효과, 도면까지 전부 들어가기 때문이지요. 이 문서에 필요한 내용이 제대로 들어 있지 않거나 설득력이 없다면 심사위원의 공감을 얻을 수 없습니다. 발명대회 문서는 1차 심사에서 발명품의 모든 것을 한 번에 보여 줄 수 있는 핵심입니다. 지금부터 발명대회 문서 작성법에 대해 항목별로 하나씩 알아보겠습니다.

발명대회는 일반적으로 다음과 같은 단계로 진행됩니다.

1단계 발명대회 문서 제출

2단계 1차 심사(서류 심사)

3단계 1차 심사 결과 발표

4단계 2차 심사(시제품 제작 및 대면 심사)

5단계 수상작 발표

그러나 발명대회마다 진행 과정이 조금씩 다릅니다. 더욱이 일부 대회는 참가자가 제출한 발명대회 문서를 심사한 다음 2차 심사 없이 바로 수상작 발표를 진행하거나 2차 심사에서 시제품 제작을 하지 않는 경우도 있습니다. 따라서 여러분이 참가하려는 발명대회의 진행 과정을 홈페이지의 모집 공고에서 미리 확인해야 합니다.

그다음 본격적으로 발명대회 참가의 첫 단계인 자신의 발명품에 관한 문서를 작성합니다. 발명대회마다 제출 양식이 다를 수 있지만, 대부분 다음과 같은 여섯 가지 주요 항목에 맞춰 문서를 작성합니다.

발명 대회	대한민국 학생 발명전시회	YIP 청소년 발명가 프로그램	대한민국 청소년 발명 아이디어 경진대회	교내 발명대회
주요 항목	발명의 명칭	아이디어 제안 동기	발명의 명칭	작품명
	발명을 하게 된 동기 및 배경	선행 기술 조사 요약	발명의 내용 및 특징	제작 동기
	발명의 내용 및 특징	아이디어 상세 설명	용도 및 효과	작품 내용
	용도 및 예상되는 효과	아이디어 도면	도면 및 사진	제작 결과
	1차 도면 또는 사진	기대 효과		도면
	선행 기술 검색 및 기술 동향 분석	참여 목표 및 창업 의지		

주요 발명대회의 문서 항목

1 **발명품의 명칭** 발명품의 이름은 간결하면서도 발명품의 핵심을 효과적으로 나타내야 합니다.

2 **발명의 동기** 발명품을 생각하게 된 동기와 그 배경을 설명합니다.

3 **발명품의 내용** 발명품의 작동 원리나 구성 요소에 대해 상세한 설명을 작성합니다.

4 **발명품의 효과** 발명품에 어떤 장점이 있는지 강조합니다.

5 **발명품의 도면** 발명품의 외관이나 내부 구조를 나타내는 도면이나 그림을 첨부합니다.

6 **발명의 선행 기술** 이미 존재하는 유사한 아이디어나 기술에 대해 조사하고, 검색 결과를 제시합니다.

발명대회 문서를 작성할 때 무엇보다 중요한 점은 여러분의 발명 아이디어를 심사위원에게 설득력 있게 보여 주어야 한다는 것입니다. 그래서 발명대회 문서를 작성할 때는 확실하고 간결한 표현을 사용하고, 도면을 활용해 발명품이 어떤 모양과 구조를 가지고 있는지 명확하게 소개해야 합니다. 또한 발명대회 주최 측이 요구하는 문서 양식과 글자 수, 폰트 크기 등 반드시 가이드라인을 지키는 것도 잊지 마세요.

그럼 자신의 발명 아이디어를 최대한 효과적으로 문서로 전달하고, 심사위원들의 공감을 얻을 수 있는 발명대회 문서를 작성해 볼까요.

2

발명품의 명칭 작성법

　발명품의 명칭은 발명품의 이름을 작성하는 항목입니다. 많은 청소년이 발명품의 명칭을 창의적으로 정하면 높은 평가를 받을 수 있다고 생각합니다. 그러나 지난 몇 년 동안 발명대회에서 수상한 작품들의 명칭을 조사한 결과, 수상작은 간결하고 명확한 명칭을 가지고 있습니다.

　다음 표는 제35회 대한민국 학생발명전시회 수상작의 명칭입니다. 이처럼 발명품의 명칭을 정할 때에는 추상적이거나 지나치게 창의적인 표현보다 정확한 의미 전달을 위해 간결하게 작성해야 합니다. 다시 말해 발명품의 명칭은 사람들이 처음 들었을 때 바로 어떤 발명품인지, 무슨 의미인지 알 수 있어야 합니다. 만약 줄임말이나 약어로 표현하면 사람들이 발명품의 내

수상작 명칭	수상자	상 이름
2차 사고 방지를 위한 접이식 휴대용 바리케이드 캐리어	김○○	대통령상
계단 오르기와 좁은 곳 이동이 가능한 세로접기식 손수레	이○○	국무총리상
당기고 접어 올리는 전동 킥보드 후미등	윤○○	국무총리상
신발 덧신 자동 채움 장치	장○○	교육부장관상
동물복지용 위험 상황에서 자동 잠금 기능을 갖는 동물용 입마개	이○○	교육부장관상
바닥을 뜯어서 잔반을 쉽게 버릴 수 있는 배달용 도시락	박○○	과학기술정보통신부장관상
편광과 점탄성 유체를 활용한 자동으로 감속되는 휠체어	심○○	과학기술정보통신부장관상
돌리면 보이는 색 혼합 파레트	안○○	산업통상자원부장관상

용을 파악하기 어려울 수 있으니 주의합니다.

발명품의 명칭을 정하는 것이 어렵다면 ~가 구비된, ~가 포함된, ~의 기능을 하는, ~를 특징으로 하는, ~ 원리가 적용된 같은 표현을 활용하면 좋습니다. 예를 들어 래크와 피니언의 원리를 이용한 높이 조절 싱크대, LED를 부착한 어린이용 안전 우산, 계량부가 구비된 면 보관용기 등이 있습니다. 이러한 표현은 발명품의 핵심적인 특징을 간결하게 나타내면서도 어떤 기능이나 특징을 가진 발명품인지 심사위원에게 명확하게 전달할 수 있습니다.

3

발명의 동기 작성법

　발명의 동기를 작성할 때는 어떤 문제를 발견했는지, 그리고 문제로 인해 어떤 아이디어가 떠올랐는지 간결하고 명확하게 표현합니다. 이때 신문 기사를 쓰듯이 누가Who, 언제When, 어디서Where, 왜Why, 무엇을What, 어떻게How라는 육하원칙에 따라 작성해 보세요.

　발명의 동기는 육하원칙에 따라 작성하되, 무엇보다 자신의 경험과 감정을 스토리텔링으로 잘 전달하여 심사위원이 공감하고 이해할 수 있도록 합니다. 발명의 동기로 공감을 이끌어 내기 위해선 심사위원이 '나도 이런 불편을 경험한 것 같다', '이 발명품이 있으면 주변 사람들이 편리하게 사용할 수 있을 것이다'라는 점을 느낄 수 있도록 합니다. 이를 위해 감성적인 상황과 인물을 구체적으로 묘사해 심사위원에게 발명품의 필요성과 가치를 더욱 확실하게 소개합니다.

또한 발명 동기의 객관성을 높이기 위해 발명품과 관련된 사람들의 인터뷰 기사, 영상 등을 참고 자료로 활용하면 좋습니다. 다 작성한 다음엔 글이 육하원칙에 맞춰 제대로 작성되었는지 확인합니다. 이러한 점을 잘 살려 작성한 발명의 동기를 살펴보겠습니다.

💬 제32회 대한민국 학생발명전시회 국무총리상 이수현

투표 헬퍼

선거관리위원회에서는 이미 장애인 유권자를 위한 특수 기표용구나 점자형 투표보조용구, 돋보기 혹은 투표보조인 제도 등을 시행하고 있다. 그러나 장애인의 입장에서는 투표보조인 제도가 선거의 4대 원칙 중 하나인 비밀투표를 보장해 주지 못한다고 느끼거나, 투표보조용구 사용에 불편을 느낄 수도 있다. 선거관리위원회에 직접 방문하였을 때 관계자가 시각장애인을 위한 점자보조용구에 대해 소개해 주었다. 그런데 도장을 찍을 수 있도록 뚫려 있는 네모난 구멍 주변으로 도장 자국이 많이 나 있는 것을 통해 장애인 유권자가 구멍에 딱 맞춰서 도장을 찍기가 힘들다는 사실도 알게 되었다.

대부분 발달장애인으로 구성된, 장애인의 투표권을 보장받기 위해 활동하는 '피플퍼스트'라는 단체는 현재 선거 제도 중 장애인의 참정권을 제대로 보장해 주지 못하는 부분을 지적하는 시위 등의 활동을 하고 있다. 또한 기표란이 너무 좁아 투표가 어렵다는 비장애인도 많았다. 이런 점을 알게 되면서 장애인의 참정권을 보장해 주기 위해 '투표 헬퍼'라는 발명품을 제작하게 되었다.

💬 제35회 대한민국 학생발명전시회 과학기술정보통신부 장관상 권영준

매직보드 트레이

카페에서 음료를 주문한 후 가져갈 때 음료와 트레이는 서로 고정되어 있지 않기 때문에 실수로 음료를 쏟는 경우가 종종 발생하곤 합니다. 또한 색이 비슷한 음료는 겉으로 보기엔 구별이 되지 않기 때문에 맛을 보고 구별하거나, 직원이 미리 말을 해 주어야 구별할 수 있는 경우도 많습니다. 이러한 상황이 생겼을 때 자석을 이용해 트레이와 음료 잔을 고정하여 쏟아지는 일을 방지하고, 자석을 이용하지 않는 부분에는 매직보드와 같이 글씨를 쓸 수 있게 만들어 음료를 구별할 수 있는 트레이를 만들고 싶었습니다.

📝 제42회 전국 학생 과학발명품 경진대회 특상 임정훈

색으로 영양소를 보다!(영양소 검출 실험 개선&애플리케이션 제작)

최근 과학 수업 시간에 영양소의 종류와 검출 방법에 대해 배우면서 영양소 검출 실험을 했다. 그런데 교과서 내용과 다르게 음식물에 시약을 떨어뜨렸을 때 음식물의 자체 색 때문에 반응 시 색 변화를 판별하기가 쉽지 않다는 의견이 있었다. 나는 이 문제에 대해 과학동아리 선생님께 질문해 보았다. 선생님께서도 영양소 검출 실험 수업을 하며 경험한 문제라고 말씀해 주셨다. 그래서 음식물 속 영양소를 알아보는 실험을 할 경우에는 음식물 자체의 색 때문에 색 변화 판별이 교과서 내용처럼 쉽지 않을 수도 있겠다고 생각하게 되었다.

나는 '영양소 검출 실험을 할 때 색 변화 판별에 기준이 될 수 있는 자료가 있으면 실험 결과 분석에 도움이 될 것 같다'라고 생각했다. 또한 영재원에서 배운 AI 등을 적용한 애플리케이션 제작 방법을 활용하여 영양소 검출 결과를 판정해 주는 애플리케이션을 만들면, 영양소 검출 학습에 도움이 되고 선생님들께도 이 애플리케이션이 유용할 것이라고 생각하여 애플리케이션을 제작하게 되었다.

발명품의 내용 작성법

　　발명품의 내용 항목은 발명품에 대한 구체적 설명을 다루는 부분입니다. 발명품 도면과 선행 기술만큼 발명대회 문서에서 중요한 항목이지요. 이 항목에는 발명품의 작동 방식, 구성요소, 활용법 등 여러분의 발명품과 관련해 설명할 수 있는 모든 내용을 최대한 상세하게 작성해야 합니다.

　　다음 표와 같이 자신의 발명품을 자세하게 설명함으로써 심사위원들이 발명품의 구성과 특징을 보다 쉽게 이해할 수 있습니다.

　　발명품의 내용을 작성할 때 주의할 점이 있습니다. 첫째, 부품 이름 뒤에는 괄호를 열고 숫자를 추가해야 합니다. 이렇게 부품 이름 뒤에 식별번호를 붙여 주면 심사위원들이 발명품의 구

세부 사항	작성하는 법
STEP 1 발명의 목적	발명의 목적은 _____하고 _____하도록 한 _____입니다.
STEP 2 발명품 구성 요소 나열	도면은 발명의 _____를 나타낸 것입니다. (어떤 모습을 나타낸 도면인지 설명합니다.) _____a _____와 _____b _____로 구성됩니다. (발명품의 구성 요소 개수에 따라 추가로 작성합니다)
STEP 3 각 구성 요소의 기능 및 위치 설명	_____a _____는 _____하게 구성(위치)되어 있으며, _____한 특징(장점)을 가지고 있습니다. 또한 _____한 특징을 가지고 있습니다. _____b _____는 _____하게 구성(위치)되어 있으며, _____한 특징(장점)을 가지고 있습니다. 또한 _____합니다.
STEP 4 추가 설명	심사위원이 발명품을 이해하는 데 필요한 구체적인 내용을 추가 설명합니다. 발명품의 작동 방식, 크기, 재질, 활용 분야, 발명품에 적용된 핵심 기술, 사용 방법 등이 있습니다. 지우개가 달린 연필을 발명했다면, 연필의 길이가 정확히 10센티미터인지까지 언급할 필요는 없습니다. 그런데 발명품의 기능이나 효과에 길이나 재질이 영향을 미친다면, 이에 대한 내용을 넣는 것이 좋습니다.

성을 쉽게 파악할 수 있습니다.

둘째, 발명품의 내용을 작성할 때는 유치원생에게 발명품을 설명한다고 가정하고 최대한 쉬운 용어를 사용해야 합니다. 발명대회 심사 과정에서 종종 발명품의 내용이 이해되지 않아 심사위원들이 의견을 나누곤 합니다. 발명자는 직접 발명품을 만든 사람이니 자신의 발명품을 완벽하게 이해하고 있지만, 심사위원은 처음 보는 낯선 발명품입니다. 이런 상황을 염두에 두고, 내용에 잘 쓰지 않는 특수한 용어나 개념이 들어가 있다면 심사위원이 이해할 수 있도록 설명해 주어야 합니다.

발명품의 내용을 모두 작성하고 나면 마지막으로 친구 한 명, 선생님 한 명, 부모님 한 명 해서 총 세 명에게 문서를 보여주고, 세 명 모두 내용을 이해했는지 확인합니다. 그리고 이들로부터 피드백을 받고 질의응답을 진행하면서 공통적으로 발명품을 이해하는 데 어려웠던 부분이 무엇인지 파악합니다. 이렇게 파악한 내용을 바탕으로 발명품의 내용을 수정하고 보완해 주세요.

다음은 '보조걸이가 구비된 옷걸이'로 작성한 발명품의 내용 예시입니다.

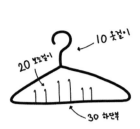

STEP 1 발명의 목적	본 발명의 목적은 양말이 옷걸이에서 떨어지지 않도록 하는 보조걸이를 구비한 옷걸이입니다.
STEP 2 발명품 구성 요소 나열	도면은 발명품의 실제 형태를 보여 주는 도면입니다. 이 도면은 발명품의 외관과 구성 요소를 나타냅니다. 본 발명품은 크게 옷걸이 본체(10), 보조걸이(20), 하단부(30)로 구성됩니다.
STEP 3 각 구성 요소의 기능 및 위치 설명	옷걸이 본체(10)는 흔히 볼 수 있는 삼각형 모양을 하고 있습니다. 옷걸이 본체(10)는 상황에 따라 철, 플라스틱 등 다양하게 선택해서 제작할 수 있습니다. 보조걸이(20)는 옷걸이 본체(10) 하단부(30)에 다수 배치되어 있습니다. 보조걸이(20)는 원형의 막대기가 위를 향하도록 설치되며 보조걸이(20)에 양말을 끼워 말릴 수 있습니다. 보조걸이(20)는 상단부 끝이 구부러져 지팡이 고리와 같은 모습이며, 양말이 고리에 걸려 쉽게 떨어지지 않도록 합니다. 보조걸이(20)는 양말 입구가 걸쳐지는 부분으로 하단부(30)에 일정한 간격을 유지한 채 만들어집니다.
STEP 4 추가 설명	보조걸이(20)는 양말 말고도 모자, 바지, 스카프 등 다양한 의류 제품, 액세서리를 거는 용도로 활용할 수 있습니다.

5

발명품의 효과 작성법

발명품의 효과 항목은 자신의 발명품이 어떤 이점을 가지고 있는지 작성하는 부분입니다. 간결하게 작성하되 이미 널리 알려진 이점은 간단히 언급하고, 기존에 고려되지 않았던 새로운 장점을 강조하는 것이 효과적입니다.

다음은 '보조걸이가 구비된 옷걸이'로 작성한 발명품의 효과입니다.

제 발명품은 옷걸이에 양말을 걸 때 불편한 점을 혁신적으로 해결해 주는 기구입니다. 옷걸이에 양말을 걸 때마다 바람에 양말이 쉽게 떨어진다는 문제가 있었습니다. 그래서 부모님이 항상 허리를 숙여야 했습니다. 그러나 제 발명품을 사용하면 양말을 간단하고 손쉽게 옷걸이에 걸 수 있어, 허리를 앞으로 굽힐 때 발생하는 불편을 최소화하고 척추측만증 같은 건강 문제도 예방할 수 있습니다. 이를 통해 일상생활에서 편의성과 건강 측면에서 동시에 이점을 얻을 수 있는 혁신적인 솔루션입니다.

위의 내용은 너무 장황한 데다 이 발명품으로 척추측만증을 예방할 수 있다는 근거가 부족하므로 심사위원을 설득하기 어렵습니다. 좋지 않은 발명품의 효과 작성 예시입니다. 다음과 같이 바꾸어 보면 어떨까요.

양말을 옷걸이에 걸어서 말릴 때, 양말이 바람 등에 날려 떨어지는 문제를 해결하기 위한 발명품입니다. 더 나아가 보조걸이에 바지, 모자, 벨트 등 다양한 의류용품을 걸 수 있어 활용도가 높습니다.

위의 내용은 보조걸이가 구비된 옷걸이를 사용했을 때 얻을 수 있는 이점을 단 두 문장으로 설명했습니다. 딱 필요한 내용만 넣어 훨씬 간결하게 소개하고 있지요. 만약 누군가 위급한 상황에서 창문을 쉽게 깰 수 있는 망치를 발명했다면, 실제 망치로 창문을 쉽게 깰 수 있는지 여부가 매우 중요한 근거입니다. 그래야 심사위원을 설득할 수 있으니까요. 발명대회 참가자가 어떤 근거도 없이 자신의 생각만 가지고 망치로 창문을 손쉽게 깰 수 있다고 주장한다면, 높은 점수를 받기 어렵습니다.

더 나아가 일부 발명품은 효과를 입증하기 위해서 실험 결과가 필요할 수도 있습니다. 이런 경우 발명품의 효과를 입증하는 근거 자료인 실험 데이터, 설문조사 결과 등을 넣어 심사위원을 설득하는 것이 좋습니다.

여러분이 좀 더 잘 이해할 수 있도록 발명대회 수상작은 발명품의 효과 항목을 어떻게 작성했는지 살펴보겠습니다.

💬 제35회 대한민국 학생발명전시회 전국경제인연합회장상
심기찬

프로펠러의 바람을 이용한 자동 물기 제거 우산
기존 우산은 손으로 우산을 접었다 폈다를 반복하거나 손잡이를 돌려가며 물기를 제거했다. 또는 우산에 비닐을 씌워 물기가 바닥에 떨어지는 것을 방지했다. 이럴 경우 손이 불편하거나 짐이 많다면 우산을 털기 어렵다. 또한 비닐을 사용할 경우에는 한

번만 사용하고 쓰레기통에 버려지게 되어 한순간에 비닐 쓰레기가 많이 나온다는 걸 알 수 있다.

'프로펠러의 바람을 이용한 자동 물기 제거 우산'을 사용한다면 우산의 물기를 터는 게 불편한 누구나 쉽게 물기를 제거할 수 있다. 그리고 비닐 쓰레기 사용을 줄여 주어 환경 보호에 도움을 주는 효과도 있다. 더욱이 버튼 하나로 우산 물기 제거가 가능해지기 때문에 물기를 제거하는 사람이 많아지게 된다면, 비나 눈이 오는 날에 실내 바닥에 떨어지는 물을 줄여 주므로 물기 때문에 발생하는 미끄럼 사고나 바닥이 더러워지는 현상도 방지할 수 있다.

💬 제35회 대한민국 학생발명전시회 한국발명진흥회장상
송은지

그립톡 손 소독제
코로나 사태가 장기화되면서 손을 자주 씻거나 소독을 하라고 권고하고 있지만, 가방이나 주머니 없이는 휴대하기 어려운 손 소독제의 특성 때문에 손 소독제를 휴대하고 다니는 사람은 많지 않습니다.

'그립톡 손 소독제'는 손 소독제의 휴대성 문제를 해결하여 가방이나 주머니가 없어도, 많은 공간이 없어도 손 소독제를 간편하게 휴대하고 다닐 수 있습니다. 게다가 일회용품 사용으로 환경 문제가 점점 심각해지고 있는데, 다회용 스프레이 용기로 제작했기 때문에 소독제 리필이 가능해 환경 친화적입니다.

💬 제2회 터치기술 아이디어 공모전 우수상 문혜진

소방관을 위한 방화복 터치 무전기

소방관들이 화재 현장에서 무전기를 사용하려면, 공기호흡기 마스크를 벗은 후 30킬로그램이 넘는 진압 장비를 휴대한 상태에서 무전기까지 꺼내 들어야 해서 항상 위험에 노출됩니다. 긴박한 위급 상황에서는 무전기를 꺼낼 시간조차 부족합니다. 예를 들어 무전기를 꺼내는 시간에 건물이 붕괴될 수도 있고, 생명을 잃을 수도 있습니다.

이러한 어려움을 해결하고 소방대원들의 안전과 화재 진압 효율을 높이기 위해 우리는 소방관을 위한 방화복 터치 무전기를 발명하게 되었습니다.

설명과 예시를 보아도 발명품의 효과 작성이 막막하게 느껴진다면 창의성, 경제성, 실용성, 완성도를 중심으로 작성해 보세요.

첫째, 창의성은 발명품이 기존의 방식에서 벗어나 새로운 접근법을 제시한다는 것을 나타내는 요소입니다. 새로운 아이디어와 기술을 결합한 혁신적인 제품으로 지금 있는 문제에 대한 참신하고 독특한 해결책을 제시한다는 점을 강조하면 됩니다.

둘째, 경제성이란 발명품의 사용 또는 도입으로 생기는 경제적인 이점을 말합니다. 더 적은 비용을 투자하면서도 효과적인 결과를 얻을 수 있다는 점을 강조합니다.

셋째, 실용성은 발명품이 실제로 우리 생활에서 얼마나 유용하게 활용될 수 있는지를 보여 주는 요소입니다. 현실적인 문제에 대한 실질적인 해결책을 제공하며, 사용자들의 필요를 충족시키고 일상적인 과제를 간편하게 처리할 수 있다는 점을 강조합니다.

넷째, 완성도는 발명품이 디자인, 기능, 성능, 품질 등 다양한 측면에서 얼마나 완벽하게 구현되었는지를 나타내는 요소입니다. 사용자 경험을 최적화하기 위해 신중하게 설계되었다는 점을 드러냅니다.

이러한 요소를 중심으로 발명품의 효과를 작성하면 심사위원에게 자세하면서도 확실한 정보를 주고, 발명품의 가치도 강조할 수 있습니다.

발명품의 도면 작성법

　　발명품의 도면은 심사위원에게 발명품의 형태와 작동 방식을 명확하게 이해시키는 열쇠 역할을 합니다. 말로 설명하는 것보다 훨씬 이해하기 쉽고 빠르게 전달할 수 있지요. 발명대회 문서에서 발명품 도면은 발명품이 실제로 어떤 모양이고, 어떻게 작동하는지를 알려 줄 수 있기 때문에 중요합니다. 그런데 자신의 그림 실력이 부족하다고 생각해 도면을 그리기 전부터 겁을 먹는 사람들이 있습니다. 전혀 그럴 필요가 없습니다. 도면은 전문적인 그림 실력이 필요한 것이 아니라, 다음 그림처럼 발명품의 개략적인 형태와 구조를 알기 쉽게 표현하는 것이 핵심이니까요.

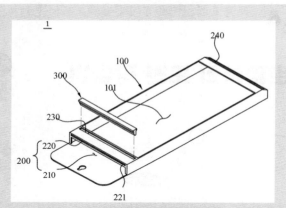

스마트폰 화면에 보호 필름을 붙일 때 화면에 지문, 기포, 이물질이 묻는 것을 방지할 수 있는 발명품

보호 필름 부착구, 최지홍, 등록번호 1018535890000

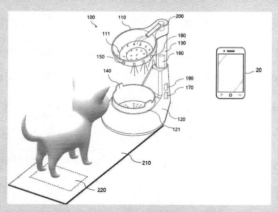

애완동물이 편안한 자세로 사료를 먹을 수 있는 발명품

애완동물용 먹이 공급 장치, 현태섭, 등록번호 1020979680000

오토캐드를 활용한 도면 예시

발명품의 도면을 그리는 방식은 여러 가지가 있습니다. 특허를 받기 위해 도면을 제출할 때는 보통 전문가용 디자인, 도면 제작 소프트웨어인 오토캐드를 사용하지만, 학생들이 이런 프로그램을 사용하기란 쉽지 않지요. 배운다고 해도 꽤 많은 시간이 필요하고요. 여러분은 손 그림은 물론이고, 그림판, 파워포인트, 3D 모델링 같은 소프트웨어만으로도 충분히 쉽게 도면을 그릴 수 있습니다. 이들 가운데 자신과 가장 잘 맞는 것을 선택하면 됩니다.

첫째, 손 그림은 선과 도형을 활용해 직접 발명품을 그리는 방식입니다. 종이에 발명품의 도면을 그리고 사진을 찍거나 그림을 스캔해 이미지 파일로 제작합니다.

둘째, 그림판은 컴퓨터 프로그램을 사용하여 기본 도형과 선을 활용해 그리는 방식입니다.

셋째, 파워포인트는 파워포인트 프로그램을 활용해 도형, 화살표, 텍스트 상자 등을 배치한 다음 설명을 추가하는 방식입니다.

넷째, 3D 모델링은 스케치업(www.sketchup.com) 같은 무료 3D 모델링 소프트웨어로 발명품을 3차원 모델로 작성해 시각화하는 방식입니다.

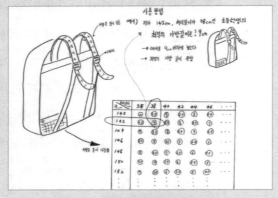

손 그림 활용

가방끈 및 길이 기준표, 문혜진, 출원번호 1020130086192

3D 모델링 활용

헤드폰의 신축부 커버 조립체, 현태섭, 출원번호 1020210094524

세 개 모두 '거품 발생 장치'의 도면입니다. 점점 도면의 수준이 발전하는 것을 알 수 있습니다. 처음부터 완벽한 도면을 그릴 수는 없습니다. 편한 마음으로 가볍게 스케치해 보세요.

손 그림 활용

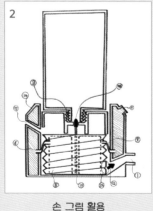

손 그림 활용

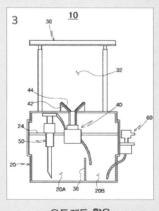

오토캐드 활용

거품 발생 장치, 장재령,
출원번호 2020120011942

발명품 도면을 그릴 때는 발명의 특성을 가장 잘 나타내는 도면을 최소한 한 개 이상 그려야 합니다. 다음은 '배출구를 구비한 쓰레받기'(출원번호 1020130091286)를 다양한 방식으로 그린 발명품 도면의 예시입니다. 쓰레받기 뒷부분에 배출구가 있어서

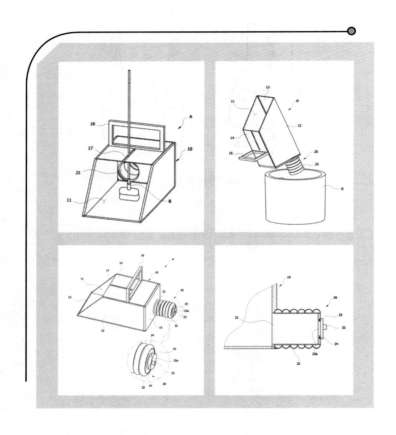

쓰레기를 흘리지 않고 버릴 수 있는 발명품입니다. 또한 쓰레받기 위쪽에는 빗자루를 따로 보관할 수 있는 공간이 있어서 편리하지요.

도면의 그림 수준은 중요하지 않습니다. 선이 조금 삐뚤어져 있더라도 괜찮습니다. 발명품 도면의 핵심은 발명품의 구성을 누가 보더라도 이해할 수 있도록 그리는 것임을 명심하세요. 다음은 '보조걸이가 구비된 옷걸이'의 도면입니다. 왼쪽과 오른쪽 도면 가운데 어떤 방식으로 그려야 할까요?

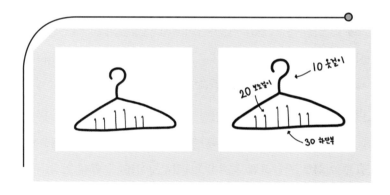

답은 오른쪽 도면입니다. 만약 왼쪽과 같이 도면을 그렸다면 다른 사람에게 발명품을 어떻게 설명해야 할까요? "옷걸이 밑에 긴 막대가 하나 붙어 있어요"라고 설명하면 이 발명품을 만든 사람은 이해할 수 있겠지만, 다른 사람들은 제대로 이해하기 어려울 것입니다. 그래서 발명품 도면을 그릴 때는 오른쪽 도면처럼 각 부품에 이름을 붙이는 것이 좋습니다. 오른쪽과 같이 도면을 그린 경우에는 다음과 같이 설명할 수 있을 거예요.

"본 발명품의 이름은 보조걸이가 구비된 옷걸이입니다. 이 발명품은 크게 옷걸이 본체(10)와 보조걸이(20) 그리고 하단부(30)로 구성되어 있습니다. 옷걸이 본체(10) 하단부(30)에 보조걸이(20)가 일정 간격으로 부착되어 있습니다."

이렇게 도면에서 각 부품의 역할(이름)과 위치(숫자)를 구체적으로 설명하면, 도면을 처음 본 사람도 발명품의 구조와 작동 방식을 잘 이해할 수 있습니다. 그래서 발명품을 심사위원들에게 제대로 알려 주기 위해 발명품의 모든 부품에 이름을 붙여야 합니다.

부품에 이름을 붙일 때도 주의해야 할 점이 있습니다. 다섯 글자 내외로 간단하게 지어야 한다는 것이죠. 그런데 막상 부품에 이름을 붙이는 일이 어려울 수도 있습니다. 이럴 땐 여러분이 직접 새로운 이름을 지어 주면 됩니다. 오른쪽 도면에서 20번을 보조걸이라고 했지만 막대라고 불러도 괜찮습니다.

부품에 숫자를 붙일 때는 특별한 규칙이 없습니다. 다만 1에서 100 사이의 숫자를 사용하면 됩니다. "보조걸이를 확인해 주세요"라고 하는 것보다 "20번 보조걸이를 확인해 주세요"라고 하는 게 심사위원도 훨씬 이해하기 좋습니다.

그런데 발명 도면을 그리다 보면 발명품의 재질, 크기, 작동 원리 등을 더욱 자세히 작성하고 싶은 생각이 들기도 합니다. 하지만 이러한 세부 사항은 앞에서 설명한 '발명품의 내용' 항목에 적는 것이 좋습니다.

발명품 도면을 다 그린 다음에는 도면을 처음 보는 사람도 쉽게 이해할 수 있도록 그렸는지, 각 부품에 명사로 간단한 이름을 지어 주었는지, 그리고 부품 이름 옆에 숫자를 붙였는지 최종 확인합니다.

7
발명의 선행 기술
검색과 작성법

　　발명의 선행 기술은 내가 개발한 발명품과 유사한 것이 존재하는지 확인하는 과정입니다. 발명대회 문서에는 보통 이 항목을 가장 마지막에 작성합니다. 그러나 실제로 발명을 한 이후에는 가장 먼저 확인해야 하는 항목이지요. 다른 사람이 이미 개발한 발명품을 그대로 가져다가 출품하는 것은 절대 해서도 안 되고, 할 수도 없습니다. 이미 비슷한 발명품이 있는지 몰랐다고 해도 마찬가지입니다. 어쩌다가 발명대회에서 수상을 했더라도, 나중에 베꼈거나 같은 발명품이 있다는 사실이 드러난다면 수상이 취소될 수 있습니다. 이런 일들을 미리 방지하기 위해서 반드시 선행 기술 조사를 통해 자신의 발명품이 기존 발명품이나 아이디어와 어떤 차별성을 가지는지 확인해야 합니다.

발명의 선행 기술을 조사하는 방법은 크게 두 가지입니다. 첫 번째는 구글, 네이버 등 인터넷 포털 사이트를 활용한 검색 방법입니다. 자신의 발명품과 관련된 키워드를 한국어와 영어로 검색해 보는 거예요. 이때 한국어보다 영어로 검색하는 것을 권장합니다. 한국어로 검색했을 때 나오지 않는 정보도 영어로 검색하면 나오는 경우가 종종 있기 때문입니다. 예를 들어 '점자 물병'을 한국어로 검색했을 때는 관련 발명품이 나오지 않다가 'braille bottle'로 검색하면 발명품이 검색되기도 합니다.

두 번째는 특허청에서 제공하는 특허 정보 검색 서비스인 키프리스(www.kipris.or.kr)를 활용하는 방법입니다. 키프리스에서는 특허 출원과 등록된 발명품의 정보를 확인할 수 있습니다.

특허란 나의 발명품을 보호해 주는 법적인 권리입니다. 발명품의 특허가 등록되면 특허 출원일로부터 20년 동안 해당 발명품을 다른 사람들이 사용할 수 없게 됩니다. 3D 프린터의 핵심 기술은 실제로는 1980년대에 개발되었습니다. 그런데 오늘날에서야 3D 프린터가 널리 활용되는 이유는 1980년대 발효된 관련 특허들이 2000년대부터 하나둘씩 특허 인정 기간이 만료되었기 때문입니다. 즉 누구나 그 기술을 사용할 수 있게 되었다는 말이죠. 이로 인해 수천만 원에 이르던 3D 프린터의 가격이 몇

십만 원에서 몇 백만 원대로 낮아졌습니다. 이처럼 특허 등록을 받으면 발명가는 일정 기간 동안 자신의 발명품을 독점적으로 사용할 수 있습니다.

그럼 키프리스 사이트로 선행 기술, 즉 특허를 검색하는 방법에 대해 자세히 알아보겠습니다.

1단계 키프리스 사이트에 접속하세요.

2단계 검색식을 만들어서 입력창에 넣은 뒤 검색하세요.

키프리스에서 특허 검색을 할 때는 특정한 규칙이 적용됩니다. +와 * 기호를 활용하여 검색어를 조합하는 방식이죠. 검색어 가운데 유사한 단어는 + 기호로 묶고, 다른 특징을 나타내는

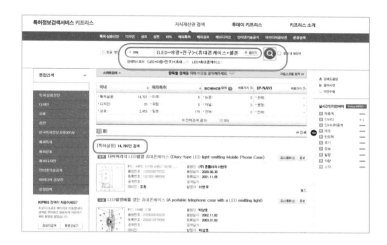

단어는 * 기호로 묶어서 검색할 수 있습니다.

LED가 부착된 휴대폰케이스를 발명하고 난 뒤 이와 유사한 발명품을 키프리스에서 검색한다고 가정해 보겠습니다. 이 경우 LED와 휴대폰케이스는 서로 다른 특징을 가진 검색어입니

구분	연산자	검색어 입력 예시	검색어의 의미
AND 연산자	*	LED*휴대폰케이스	LED와 휴대폰케이스를 모두 포함하는 문서를 찾아 줍니다.
OR 연산자	+	LED+휴대폰케이스	LED와 휴대폰케이스 중 하나라도 포함하는 문서를 찾아 줍니다.

다. 그리고 각 단어와 유사한 단어들을 + 기호로 묶어서 검색어를 확장합니다. LED와 관련된 단어로는 LED, 야광, 형광, 전구 등이 있을 것이고, 휴대폰케이스와 관련된 단어로는 핸드폰케이스, 셀폰케이스, 폰케이스 등이 있을 것입니다. 이때 검색창에 외래어나 맞춤법이 틀렸던 경우의 수를 포함해 입력해야 합니다.

＋ 예시1 LED 휴대폰케이스 검색식

(LED+야광+전구)＊(휴대폰케이스+셀폰케이스+폰케이스)

LED+야광+전구 중에 단 하나라도 들어간 발명품과 휴대폰케이스+셀폰케이스+폰케이스 중에 단 하나라도 들어간 모든 발명품이 검색됩니다.

＋ 예시2 지우개 달린 연필 검색식

(연필+펜+만년필)＊(지우개+지우게)

연필+펜+만년필 중에 단 하나라도 들어간 발명품과 지우개+지우게 중에 단 하나라도 들어간 모든 발명품이 검색됩니다.

3단계 검색 결과를 보고 유사한 발명품을 찾으면 됩니다. 공고 전문을 누르면 보다 상세한 내용을 확인할 수 있습니다.

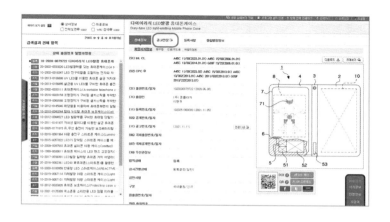

4단계 더 구체적으로 검색하고 싶다면 메인 화면에서 특허·실용신안 탭을 클릭하세요. 특허란 발명을 한 사람만이 가지는 독점적 지배권입니다. 특허 출원은 자신의 발명 아이디어를 특허청에 제출하는 것으로, 발명대회에 서류를 제출하는 것과 비슷한 개념입니다. 특허 등록은 제출한 발명 아이디어의 신규성, 진보성, 산업상 이용 가능성을 인정받아 출원일로부터 20년간 독점권을 얻는 것이고요. 발명대회에서 발명품을 인정받아 상을 받는 것과 비슷한 개념이라고 생각하면 됩니다. 또한 특허는 물품과 프로그래밍 같은 방법도 등록이 가능하지만, 실용신안은 물품만 등록이 가능하고 출원일로부터 10년간 독점권을 얻습니다.

5단계 항목별 검색을 클릭하세요. 발명품의 명칭, 요약, 청구 범위에서 찾고자 하는 발명품의 검색식을 입력해 검색하거나, 출원인, 발명자 등의 이름을 입력해 검색할 수도 있습니다. 예를 들어 삼성전자에서 가지고 있는 특허 개수가 궁금하다면 항목별 검색 클릭 후 출원인에 삼성전자를 검색해서 찾을 수 있습니다.

만약 검색한 결과 유사한 발명품이 이미 있는 경우, 여러분의 발명품과 어떤 차별성이 있는지 고려해야 합니다. 심사를 하다 보면 대부분의 학생이 '유사한 발명품은 없습니다'라고 합니다. 그러나 실제로 유사한 발명품이 없는 게 맞는지, 제대로 조사를 진행했는지 심사위원에게 정확하게 확인시켜 주어야 합니다. '유사한 발명품은 없습니다'라고만 작성하면 심사위원은 의

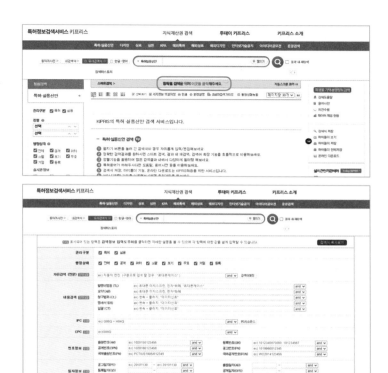

심을 가지고 선행 기술 조사를 직접 진행하게 됩니다.

　　다음 양식에 따라 선행 기술 조사 항목을 작성하면 심사위원
들로부터 좋은 평가를 받을 수 있습니다.

💬 발명의 선행 기술 작성 양식

_____(발명품의 명칭)와 동일한 발명품은 없습니다. 하지만 선행 기술 조사 결과 저와 유사한 동기를 가진 발명품은 존재했습니다. 특허 검색 사이트 키프리스를 통해 선행 기술을 조사했습니다.

선행 기술 조사 방식은 발명품의 명칭에 _____키워드로 검색했습니다. 그 결과 총 _____건의 특허가 검색되었습니다.

그중 발명품의 명칭 _____, 출원번호(또는 등록번호) _____는 저의 발명품과 가장 유사했습니다.

하지만 _____한 부분에서 차별성이 있었고, 검색된 발명품은 _____한 단점을 가지고 있었습니다. 추가로 구글에도 _____단어를 입력해 선행 기술을 검색해 보았습니다. 그 결과 _____였습니다.

따라서 _____(발명품의 명칭)와 선행 기술에는 _____한 차이가 존재하므로 동일한 발명품은 없다고 생각합니다.

연필과 결합이 가능한 홈이 있는 지우개와 동일한 발명품은 없습니다. 하지만 선행 기술 조사 결과 저와 유사한 동기를 가진 발명품은 존재했습니다.

키프리스라는 특허 검색 사이트를 이용하여 선행 기술을 조사해 보았습니다. 이를 위해 발명품의 명칭과 요약 항목에 (연필+펜+만년필)*(지우개+지우게) 같은 키워드를 활용해 검색을 진행했습니다.

발명의 명칭에 검색했을 때는 총 112건의 특허가, 요약 내용에 검색했을 때는 총 463건의 특허가 검색되었습니다. 출원번호 2020020032968 지우개가 달린 연필은 제가 개발한 발명품과 유사한 내용을 담고 있었습니다. 특히 연필에 지우개를 결합한다는 측면에서 저의 발명품과 공통점이 있습니다.

그러나 두 발명품의 차이점은 연필과 지우개의 결합 방식에 있습니다. 선행 기술은 숫나사를 활용하여 연필과 지우개를 결합했지만, 저의 발명품은 지우개 내부에 구비된 홈을 이용해 연필 꼭지를 결합시키는 방식을 채택했습니다. 이에 더해 저의 발명품은 탈부착이 간편하며, 선행 기술에 비해 다칠 위험이 적다는 장점이 있습니다.

구글을 통한 추가 검색에서도 지우개 달린 연필, pencil with eraser, 지우개 연필과 같은 다양한 키워드를 활용해 검색해 보았으나 저의 발명품과 유사한 발명품은 찾기 어려웠습니다.

키프리스 검색 결과 유사한 발명품이 없다면 매우 창의적인 발명품을 만들었다는 것이니 좋은 일입니다. 그런데 검색 결과 유사한 발명품이 나왔고, 여러분의 발명품과 차별성이 크게 느껴지지 않을 땐 당황스러울 겁니다. 이런 경우에는 유사한 발명 동기와 해결 방식을 가진 발명품이라도 기능을 추가하거나 문제 해결 방식을 통해 차별성을 만들어 낼 수 있습니다. 예를 들어 높이 조절이 가능한 싱크대를 발명했는데, 미용실 의자처럼 펌프를 넣어 발을 사용해 높낮이를 조절하는 원리를 적용한 방식을 생각했다고 가정해 봅시다. 검색했더니 이와 비슷한 발명 아이디어가 존재한다면 펌프로 높낮이를 조절하는 대신 다른 원리를 활용해 높낮이를 조절하는 방식으로 발명 아이디어를 바꿀 수 있습니다.

키프리스에 검색했을 때 소멸, 거절, 취하, 포기가 표시된 발명품이 나오는 경우도 있습니다. 그렇다면 이렇게 표시된 발명품이 여러분의 발명품과 유사해도 그대로 발명대회에 출품해도 될까요?

공개 출원이나 등록 사실이 대중에게 알려진 상태로 보통 출원 후 18개월이 지난 상태의 특허입니다.

거절 출원 후 특허 심사 과정에서 특허 등록 요건을 충족시키기 못해 심사관이 취하는 행정 처분입니다.

등록 특허 등록 요건에 적합하여 심사관이 등록 처리를 한 특허입니다.

소멸 특허 등록 후 존속 기간(유효 기간)이 만료되어 권리가 사라진 상태입니다.

무효 특정 사유로 그 권리나 행위가 무효화된 상태입니다.

취하 출원한 특허가 등록되기 전 특정 사유로 출원이 취소된 상태입니다.

포기 출원인이 포기서를 제출하거나 등록료를 내지 않는 등 권리를 포기한 상태입니다.

키프리스에서 특허 검색을 하면 위와 같은 단어가 발명품의 명칭 왼쪽에 표시됩니다. 이러한 단어는 해당 특허의 현재 행정 처리 상태를 나타내는 것입니다. 거절, 소멸, 취하, 포기라고 표시된 특허라 하더라도 이미 해당 발명품이 세상에 공개되었으므로 신규성이 없는 상태입니다. 키프리스에서 검색되는 모든 특허는 이미 공개된 기술로 여겨지므로 이와 동일한 발명품을 발명대회에 출품한다면 신규성 부분에서 낮은 점수를 받게 됩니다.

🗨 다음 발명품의 검색식을 만들어 키프리스에 검색해 보
세요.

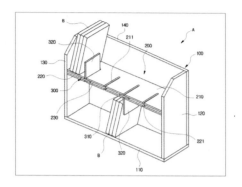

검색식

출원번호 1020120072000
발명품의 명칭 책꽂이 지지대 조립구조
정답

발명대회와
진로

1
2차 심사를 위한 시제품 제작

　발명대회 1차 심사는 서류 심사입니다. 참가자들이 제출한 발명대회 문서를 가지고 심사를 진행합니다. 앞서 말했듯이 발명품이 활용성이 있는지, 실제로 사회 문제를 해결할 수 있는지, 객관적이고 실용적인지 등이 심사 기준입니다. 그리고 심사위원이 여러분이 작성한 발명의 동기와 발명품의 효과에 공감할 수 있어야 하지요. 출품한 발명품이 기존 발명품을 베꼈거나 다른 사람의 발명 아이디어와 유사하지는 않은지도 확인합니다.

　이렇게 까다롭고 철저한 1차 심사를 거쳐 합격한 참가자는 2차 심사를 준비해야 합니다. 2차 심사의 핵심은 시제품 제작입니다. 시제품이란 시험 삼아 만들어 본 제품으로, 발명 아이디어를 실제 발명품으로 제작해 보는 겁니다. 이 시제품을 가지고 심사위원 앞에서 대면 발표를 진행하게 됩니다.

　시제품을 스스로 제작하는 것이 부담스러운 일부 학생은 막
대한 비용을 들여 전문 업체에 시제품 제작을 의뢰하기도 합니

상자로 만든 시제품

3D 프린터로 제작한 시제품과
기성 제품을 합쳐 만든 시제품

3D 프린터로 만든 시제품

다. 하지만 시제품은 진짜 파는 제품 수준으로 제작하지 않아도 됩니다. 사람들에게 자기 발명품의 구성과 작동 방식을 보여 줄 정도면 충분하지요. 앞의 사진과 같이 종이와 상자로 시제품을 만들거나 플라스틱, 아두이노(작은 전자기기를 만들기 위한 도구), 찰흙 등 주위에서 쉽게 구할 수 있는 물건을 활용해 만들어도 괜찮습니다. 3D 프린터를 사용할 수 있다면 3D 프린터로 시제품을 만드는 것도 좋은 방법입니다. 일부 부품은 3D 프린터를 이용하고, 다른 부분은 기성품을 활용해 조합하는 겁니다.

2
대면 발표 준비는
어떻게 할까

　제가 심사위원을 맡았던 어느 발명대회에서 2차 심사를 하던 중에 당황스러운 일이 있었습니다. 수백 명의 참가자 가운데 단연 1등을 차지할 만큼 훌륭하게 발표한 학생이 있었습니다. 저는 내심 기대를 안고 "저 학생이 높은 상을 받겠군"이라고 생각하며 질의응답 시간을 기다렸습니다. 하지만 그 학생은 완벽한 발표와 다르게 질의응답 시간에는 심사위원이 하는 거의 모든 질문에 대답하지 못했습니다. 왜 대답을 못했는지 정확히 알 수 없었지만, 당시 심사위원들은 누군가가 발표 대본을 작성하고 시제품까지 대신 제작해 주었을 것이라고 추측했습니다. 결국 그 학생은 수상을 하지 못했지요.

　심사위원 앞에서 직접 발표를 하는 일이 쉬울 순 없습니다.

긴장도 될 테고요. 그럼에도 내가 만든 발명품을 누구보다 잘 알고 있는 사람은 바로 여러분이니 자신감을 가져야 합니다. 대면 발표를 준비하고 실행할 때 다음과 같은 점을 신경 쓰도록 합니다.

첫째, 발표를 준비할 때는 무엇보다 심사위원의 입장에서 생각해야 합니다. 많은 참가자가 발명 동기 → 발명품 설명 → 발명품의 장점 순으로 발표합니다. 그런데 하루에 수십 개의 발표를 들어야 하는 심사위원은 똑같은 형식의 발표를 듣다 보면 쉽게 지치곤 합니다. 솔직히 심사위원 입장에서 바로 본론(발명품 설명)부터 듣고 싶은 생각이 커지지요. 이러한 심사위원의 입장을 이해하고 조금만 순서를 바꿔 발명품 설명 → 발명 동기 → 발명품의 장점으로 구성하는 방법도 있습니다.

둘째, 발표할 때 동기를 장황하게 설명할 필요가 없습니다. 앞서 말했듯이 육하원칙에 따라 요점만 명확히 설명하고, 발명품 구조나 작동 원리 같은 발명품 자체에 초점을 맞춰 설명하는 데 더 많은 시간을 투자해야 합니다. 심사위원이 참가자의 발명 동기를 이해하지 못하는 경우는 거의 없지만, 발명품에 대한 설명이 부족해 심사위원에게 참가자가 의도한 대로 전달되지 않는 경우는 많기 때문입니다.

셋째, 발표를 듣다 보면 간혹 심사위원의 눈빛을 초롱초롱하게 만드는 참가자들이 있습니다. 목소리가 크고 또렷하다거나, 시작할 때 박수를 치며 시작한다거나, 뉴스나 홈쇼핑 스타일로 발표를 진행한다거나 하는 등 기존의 발표 방식과 다른 모습을 보면 심사위원도 더욱 집중하게 됩니다. 이와 같이 참가자가 어떻게 하면 심사위원의 시선을 끄는 발표를 할 수 있을지 고민해 보세요.

넷째, 발표를 준비할 때 미리 심사위원의 심사 기준을 확인해야 합니다. 심사위원은 심사 기준에 의해 심사할 수밖에 없습니다. 발명품에는 높은 점수를 주기 어렵지만, 참가자가 발표를 너무 잘해서 높은 발표 점수를 주고 싶어도 심사표에 '발표 능력' 항목이 없다면 점수를 줄 수 없습니다. 일부 발명대회는 대회를 공지할 때 심사 기준도 함께 알려 줍니다. 각 발명대회의 홈페이지나 공고문을 확인하면 볼 수 있습니다.

대면 발표는 그냥 말로 하는 것이 아니라 주로 PPT로 발표합니다. PPT를 만들 때 깔끔한 템플릿을 활용해 글보다 사진 위주로 구성하면 훨씬 좋습니다. 직접 PPT 디자인을 하기 어렵다면 미리캔버스 사이트(www.miricanvas.com)를 활용해 보세요. 미리캔버스는 여러 종류의 디자인 템플릿을 제공하고 있고, 그 템플릿에 맞춰 내용만 넣으면 되기 때문에 누구나 쉽게 PPT를 만들 수 있습니다.

뒤에 나오는 PPT는 제34회 대한민국 학생발명전시회 장려상 수상자인 마린 학생이 만든 PPT입니다. 이 PPT를 보면 글은 최대한 간단하게 넣고, 한눈에 볼 수 있는 그림으로 설명하고 있는 것을 알 수 있습니다. 어차피 발명품에 대한 설명은 발명한 사람이 자세히 설명하게 되니까요.

또한 다음 동영상을 보면 발명대회 수상자들이 어떤 식으로 대면 발표를 했는지 알 수 있습니다. 대면 발표를 준비할 때 좋은 참고 자료가 될 거예요. QR 코드를 찍으면 휴대전화에서 바로 볼 수 있습니다.

 제32회 대한민국 학생발명전시회 국무총리상 이수현

 2022 삼성 주니어 소프트웨어 창작대회 대상 전수환

발명대회에서 떨어졌다고 해도 너무 우울해하지 마세요. 모든 발명대회의 심사 기준이 같지 않기 때문입니다. 여러분의 발명품이 가장 좋은 평가를 받을 수 있는 심사 기준을 가진 발명대회를 찾아 재도전할 기회는 충분합니다. 이때 무엇보다 중요한 것은 그 발명대회에서 왜 떨어졌는지 이유를 파악하는 일입니다. 발명대회 문서 작성이 미비했다거나, 시제품의 작동이 잘 되지 않았다거나, 이미 비슷한 발명품이 세상에 존재한다거나 하는 문제점 등이 있겠지요.

여러분의 발명품이나 준비 과정에 어떤 문제점이 있는지 분석해 부족한 부분을 보완하고 발전시켜야 합니다. 이 과정에서 얻을 수 있는 점도 분명히 있습니다. 직접 발명을 하다 보면 이전에 알지 못했던 지식을 습득하게 됩니다. 또한 심사위원처럼 다른 사람을 설득하고 공감하도록 만드는 경험을 할 수도 있지요. 이런 경험이 쌓이면 앞으로 여러분이 새로운 도전을 할 때 자신감을 불어넣어 줄 겁니다.

안전 바리케이드가 내장되어 있고 길이 조절 가능한 돔형 고깔

안전바리게이트가 내장되어있고 길이조절 가능한 돔형 고깔

접수번호:
학교:
학년:
이름: 마 린
지도교사:

1 발명의 동기_공사장 보행자 안전사고

2 0 2 1 / 대 한 민 국 발 명 전 시

2 발명의 목적_안전사고 예방

2 0 2 1 / 대 한 민 국 발 명 전 시

4 발명의 내용 및 효과

- 안전사고 예방
- 휴대성&호율성 증가
- 경제적 효과

2 0 2 1 / 대 한 민 국 발 명 전 시

5 도면 설명

2 0 2 1 / 대 한 민 국 발 명 전 시

안전바리게이트가 내장되어있고 길이 조절이 가능한 돔형 고깔

접수 번호 0000,　　　고등학교 마 린

차례

---

3 발명의 발전과정

연결부위 파손
길이 조절 안됨

야간 작업 시
위험

관절 부위의
유연성

지퍼라 적용

빛 반사 테이프
적용

베어링 적용

---

4 발명의 내용 및 효과

---

6 발명 시연

발표를 마치겠습니다
감사합니다

접수 번호 000,　　　고등학교 마 린

3

발명과 진로

여러분은 왜 발명대회에 참가하려고 하나요? 아마 발명으로 세상을 더 편리하고 유익하게 만들고 싶기 때문이겠죠. 그런데 인터넷에서 '발명가'로 검색하면 주로 옛날 발명가들인 제임스 와트(증기기관 발명가), 알렉산더 그레이엄 벨(전화 발명가), 토머스 에디슨(전구 발명가)과 같은 100년도 넘은 인물의 흐릿한 흑백 사진이 나옵니다. 인터넷 검색 결과만 봐도 이제 발명가라는 직업은 점차 사라져 가고 있다는 걸 알 수 있습니다. 그렇다고 실망할 필요는 없습니다. 현대적인 관점에서 전통적인 의미의 발명가라는 직업은 사라지고 있지만, 여전히 발명을 통해 새로운 가능성을 탐색하고 성장할 수 있습니다.

이제는 직업 자체가 발명이 되는 시대가 왔습니다. 10년 전만 해도 유튜버라는 직업이 없었습니다. 유튜버는 시대의 발전에 따라 새롭게 등장한 직업 중 하나입니다. 한 예로 유튜버 쯔양은 작은 체구로 엄청난 양의 음식을 먹는 모습으로 시청자에게 재미와 즐거움을 주고 있습니다.

페이커는 세계적으로 유명한 프로게이머입니다. 예전에는 게임하는 사람을 낮추어 보고 게임을 그저 취미나 오락으로 여길 뿐이었죠. 그런데 지금은 e-스포츠 분야가 만들어지고 게임을 잘하는 것만으로도 돈을 버는 시대가 되었습니다.

종이비행기 선수라는 직업을 들어 보았나요? 이정욱 선수는 종이비행기 국가대표입니다. 유체역학과 항공역학을 공부하며 전문성을 키워 세계 종이비행기 대회에서 좋은 성적을 거두었지요. 종이비행기와 관련된 스포츠 마케팅 회사도 창업해 다양한 활동을 하고 있습니다.

반면 시대의 발전에 따라 직업이 사라지기도 합니다. 1900년대에는 말과 마차를 이용해 사람과 화물을 운반해 주는 마부가 있었습니다. 그러나 교통 수단이 발전하면서 사라졌습니다. 1960년대 우리나라에는 버스 안내원이 존재했습니다. 버스 안내원은 승객들에게 교통비를 걷고 경로, 시간표, 목적지 등을 안내하는 역할을 했습니다. 그러나 지금은 안내원 없이도 교통카드로 요금을 내고, 휴대폰으로 경로와 시간표를 검색하고 있지요.

혹시 여러분은 우리나라에 몇 개의 직업이 있는지 아나요? 지금 머릿속으로 떠올려 보세요. 아마 100개 이상의 직업을 떠올린 사람은 그렇게 많지 않을 거예요. 한국고용정보원의 데이터에 따르면, 현재 우리나라에는 약 1만 6,800여 개의 직업이 존재한다고 합니다. 이렇게 어마어마한 수의 직업이 있음에도 우리는 알고 있는 몇몇 직업으로만 진로를 선택하려는 경향이 있습니다. 한정된 선택지 내에서만 진로를 찾으려 하기보다 다양한 직업의 세계를 알고 내가 진짜 흥미를 느끼는 분야가 무엇인지 찾아보는 것이 중요합니다.

취업 포털사이트 인크루트의 설문조사 결과에 따르면, 직장인이 가장 후회하는 일 1위는 적성과 진로에 대한 충분한 고민을 하지 않았다는 것입니다. 어쩌면 당연한 결과일지도 모릅니다. 매일 학교나 학원에서 바쁘게 시간을 보내다 보면 자신의 강점과 관심 분야에 충분한 시간을 내기 어려울 때가 많으니까요. 이때 발명이 여러분의 꿈을 현실로 이끌어 주는 소중한 표지판 역할을 할 수 있습니다. 발명을 통해 다양한 분야에서 뛰어난 재능을 발견하거나 새로운 열정을 찾을 수도 있지요. 발명은 어떤 제품을 만들어 내는 것 이상의 의미를 지닙니다.

우리의 인생은 길고 다양한 기회로 가득 차 있습니다. 그래서 자신이 어떤 분야에 관심이 있고, 어떤 것을 잘할 수 있는지를 발견하는 일이 더욱 중요합니다. 이러한 적성을 발견하면 자연스럽게 학습의 필요성을 느끼게 되고 학습 자체가 즐거워질 겁니다.

발명을 통해 진로를 찾은 선배들의 이야기를 들어 보는 것도 좋은 방법입니다. 자신의 열정을 발견하고 진로 방향을 찾는 데 도움이 될 거예요.

💬 긱블 메이커 오은석

유튜브 채널 '긱블Geekble'에서 메이커로 활동하고 있는 잭키입니다. 2019년 서울 미래산업과학고등학교 3학년 학생이었을 때의 일입니다. 그해 11월에 미래산업과학고등학교 메이커창작과와 긱블이 협업하여, 포탈PORTAL이라는 게임에 등장하는 인공지능 로봇 터릿을 제작했습니다. 이때 저도 솔리드웍스 모델링과 작품 제작에 힘을 보탰습니다. 협업 영상이 유튜브에 공개된 뒤 '이런 친구들이 대한민국의 인재다', '솔리드웍스 모델링을 한 친구, 저렇게 모델링하는 거 정말 복잡하고 어려운 작업인데 감탄

사만 나왔네요'와 같은 댓글들을 보며 저의 재능도 인정받을 수 있다는 생각이 들어서 뿌듯했습니다.

2020년 고등학교를 졸업하고 대학교에 입학해 학교생활을 하고 있었습니다. 그런데 당시 긱블 부대표님이 저의 재능을 인정해 함께 일하자는 제안을 주셨습니다. 그러기 위해선 자퇴할 수밖에 없었지요. 이미 대학교에 입학하고 자취방까지 구한 상태에서 대학교 자퇴를 결정하는 것은 쉽지 않았습니다. 하지만 진지하게 제가 무엇을 좋아하고, 어떤 분야에 뛰어난 능력을 가지고 있는지 고민해 본 결과 긱블에 합류해 성장하는 것이 제가 더 행복하게 삶을 살아갈 수 있는 방법이라고 생각했습니다.

결국 대학교를 자퇴한 뒤 긱블의 메이커 잭키로 활동하며 초대형 버니어 캘리퍼스부터 자동차 타이어로 자전거를 만드는 프로

젝트, 수백 번 이상 팅기는 물수제비를 던지는 기계 같은 기발한 작품들을 제작해 왔습니다. 2023년에는 TV 프로그램 〈유 퀴즈 온 더 블록〉에 출연하여 와이퍼 안경, 손 안 대고 과자 먹여 주는 장치를 유재석 님과 조세호 님에게 설명하는 영광을 얻기도 했습니다.

앞으로도 발명과 과학이 사람들에게 친근하게 다가갈 수 있도록 재미있고 다양한 메이커 제품을 제작하고 싶습니다.

디지털 노마드 장재령

디지털 노마드로 활동하고 있는 장재령입니다. 디지털 노마드란 고정된 사무실에서 일하는 전통적인 방식이 아닌 외국, 카페, 코워킹 스페이스 등 다양한 장소에서 자유롭게 일하는 사람을 뜻합니다.

중학교 1학년 때 지역 발명 영재 활동을 통해 처음으로 발명에 관심을 가지게 되었습니다. 주어진 문제를 해결할 수 있는 발명 아이디어를 생각하고, 시제품을 제작해 발표하는 과정의 매력에 빠져 고등학교에 진학한 후에도 지속적으로 발명 활동을 해 왔습니다.

사람들의 불편을 관찰하고 이야기를 나누며 공감하는 과정에서 더 나은 해결책을 찾기 위해 끝없는 아이디어 회의를 하고, 그 결과물을 말과 글로 사람들에게 소개하는 것이 발명 활동의 큰 매력이라고 생각합니다. 이를 통해 주도적으로 삶을 살고 행동하며 대화하고 반성하는 습관을 길러 왔는데, 이러한 자세가 현재 저의 가치관에도 큰 영향을 주었습니다.

하지만 가족과 선생님들은 공부에 집중하라며 발명 활동을 반대하곤 했습니다. 그래서 친구네 집이나 주차장에서 발명대회를 준비했는데 그 과정이 쉽지 않았습니다. 언젠가 친구가 한 "복권에 당첨되면 뭐 하고 싶어?"라는 질문에 "나와 비슷한 사람들에게 방을 빌려주며 함께 시간을 보내고 싶어"라고 답했던 기억이 남아 있습니다. 나중에 발명대회 수상 특전으로 방문한 태국

해외 연수에서 코워킹 스페이스라는 공간이 제가 꿈꿨던 것과 유사하다는 사실을 알게 되었습니다.

그 후 Co(함께), Working(일하는), Space(공간)의 매력에 빠져 대전의 코워킹 스페이스인 오르빗 워크룸을 기획하고 참여하였으며, 제주의 코리빙 하우스 Co-living house 에서 커뮤니티 매니저로 일하는 등 다양한 경험을 쌓았습니다. 이러한 경험을 통해 한국에서도 멋진 코워킹 스페이스를 만들겠다는 꿈을 키우고 있습니다.

김호이의 사람들 대표 김호이

인터뷰 전문 콘텐츠 회사 '김호이의 사람들'을 운영하고 있으며, 〈아주경제신문〉의 객원 기자로도 활동하고 있습니다. 지금까지 가수 악동뮤지션, 마술사 최현우, 가수 인순이, 우주인 이소연, 아이돌 그룹 위너의 멤버 송민호 등 약 500여 명의 다양한 사람을 인터뷰했습니다.

사람들은 어떻게 이렇게 많은 사람을 인터뷰할 수 있었는지 제게 묻습니다. 그런데 열 명에게 섭외를 요청하면 아홉 명은 거절하는 경우가 대부분입니다. 하지만 거절을 당하더라도 '100번 요청하면 한 번은 반드시 수락해 주겠지'라는 마음가짐으로 계속 노력합니다. 만약 한 번 거절당했다고 포기했다면, 아마 지금과 같은 인터뷰 경험은 얻지 못했을 것입니다.

제가 인터뷰 전문 콘텐츠 회사를 창업할 수 있었던 배경에는 중학교 1학년 때 기술 과목 선생님이 알려 준 '특허청 청소년발명기자단' 활동이 큰 역할을 했습니다. 이 활동을 통해 전국 각지를 다니며 취재하고, 사람들의 이야기를 듣고 알리는 것에 흥미를 느꼈습니다.

중학교 2학년 때인 2014년, 당시 서울창조경제혁신센터 박용호 센터장님과의 인터뷰가 제 첫 번째 인터뷰였습니다. 그 이후로 대전, 대구, 부산 등 전국 각지를 혼자 다니며 취재 활동을 했습니다. 부모님은 위험하다고 반대하셨지만, 사람들을 만나는 것이 너무 재밌어서 계속 취재를 이어 나갔습니다. 그러면서 인터

뷰 관련 회사를 창업하고 싶은 마음이 크게 자라났고, 고등학교 2학년 때인 2017년에 공식적으로 김호이의 사람들을 창업하게 되었습니다.

저는 세 살 때 뇌수막염을 앓고 난 뒤 다른 사람들과 조금 다른 점이 생겼습니다. 말투가 어린아이 같기도 하고, 목소리가 높아서 친구들에게 여자 같다는 놀림을 들은 적도 있습니다. 그런데 인터뷰를 시작하면서부터 사람들이 그 점을 제 개성이라고 생각해 주는 것을 느낄 수 있습니다. 오히려 심각한 질문을 하더라도 목소리와 말투 때문에 해맑게 들려 인터뷰 대상자들이 솔직한 답변을 해 주는 경우가 많습니다.

사람들의 편견에 맞서는 것이 어려웠지만, 저만의 독특한 방식으로 어려움을 극복하고 꿈을 향해 나아가고 있습니다.

💬 대한민국 인재상 지서경

2020년 대한민국 인재상 수상자이자 공간지각지능 분야에서 글로벌 CEO로 성장하고자 하는 꿈을 품고 있는 지서경입니다.

초등학교 4학년부터 다양한 발명 활동에 참여해 왔습니다. 특히 카이스트 IP영재기업인교육원 프로그램을 통해 CEO로서의 꿈을 키워 나갔습니다. 이 프로그램에서 뛰어난 교수님과 창업가의 강의를 들었습니다. 특히 마크 마이어 교수님과 서울과학기술대학교 창업교육센터장인 이채원 교수님의 강연이 기억에 남습니다.

마크 마이어 교수님은 학생들의 창업 아이디어와 혁신적인 아이디어로 창업을 할 수 있는 사례를 공유하며, 학생들에게 창업에 대한 자신감을 심어 주었습니다. 이채원 교수님은 현재 직업의 변화와 미래의 일자리에 대한 예측을 통해 우리가 미래에 어떤 준비를 해야 하는지 말씀해 주었습니다. 이를 통해 우리 사회의 문제점을 인식하고 새로운 시대의 미래 인재로서 어떻게 발전해 나가야 하는지를 배울 수 있었습니다.

고등학교 진학 시기에는 CEO의 꿈을 키울 수 있는 환경을 선택하기 위해 발명·특허 특성화고등학교를 선택했습니다. 학교에 입학한 다음부터 적성이 맞는 친구들과 함께 발명대회에 참가하며 열심히 경험을 쌓았습니다. 다양한 멘토 선생님의 지도를 받아 3D 프린터와 아두이노 등을 활용해 발명품을 제작했습니다. 이 과정에서 소심한 성격을 극복하고 발표와 토론 수업을 통해 다른 사람들 앞에서 말하는 자신감을 얻었습니다.

〈세상을 바꾸는 시간, 15분〉 1319회 강연자 심수민

상명대학교에서 지식 재산권을 전공하고 있는 심수민입니다. 발명 교육자가 되겠다는 꿈을 품고 있는데, 고등학교 시절부터 여러 번의 변화와 고민을 거쳐 찾아낸 꿈입니다. 다양한 분야를 경험하며 내가 좋아하는 일을 찾아가는 도중 발명이라는 분야를 발견했습니다. 그 후 지식 재산권 전문가로서의 길을 걷기로 결정하고, 지식 재산학 전공을 선택했습니다.

발명은 단순히 아이디어를 생각하는 것이 아니라 지식 재산권 출원이나 대회 참가, 경영과도 연결되는 단계가 있습니다. 이러한 단계들의 방향을 제시하는 것이 발명 교육자가 해야 할 중요한 역할이라고 생각합니다.

발명 교육은 개인의 관심사나 일상에서 출발하여 창의성과 주도성을 키울 수 있는 중요한 교육입니다. 발명 교육의 필요성은 더욱 커지고 있지만, 발명 교육자의 수가 부족한 데다 발명 교육자가 되기 위한 방법도 명확하지 않은 상황입니다. "어떻게 이 길을 개척해 나갈까?" 하는 고민이 항상 저를 따라다니고 있습니다.

최근에 이러한 고민을 바탕으로 대학의 자기설계융합전공 제도를 활용하여 발명 교육 전공을 만들게 되었습니다. 이를 통해 발

명 교육을 학교에서뿐만 아니라 평생 교육 시설이나 청소년 시설 등에서도 쉽게 접할 수 있도록 하고자 합니다.

앞으로 발명 교육을 개척하는 좋은 본보기가 되고, 다양한 분야에서 발명에 관심을 갖고 도전하는 사람들을 도와주는 발명 교육자로서의 역할을 하고 싶습니다.

발명 아이디어 노트 ✺

● ● ● 평소 생각해 둔 발명 아이디어를
노트에 정리해 보세요.

날짜	
발명품의 명칭	
발명의 동기	
발명품의 도면	
발명품의 내용	
발명품의 효과	
발명의 선행 기술	

발명 아이디어 노트 ✳

● ● ● ● 평소 생각해 둔 발명 아이디어를
노트에 정리해 보세요.

날짜	
발명품의 명칭	
발명의 동기	
발명품의 도면	
발명품의 내용	
발명품의 효과	
발명의 선행 기술	

평소 생각해 둔 발명 아이디어를
노트에 정리해 보세요.

날짜	
발명품의 명칭	
발명의 동기	
발명품의 도면	
발명품의 내용	
발명품의 효과	
발명의 선행 기술	

발명 아이디어 노트

평소 생각해 둔 발명 아이디어를
노트에 정리해 보세요.

날짜	
발명품의 명칭	
발명의 동기	
발명품의 도면	
발명품의 내용	
발명품의 효과	
발명의 선행 기술	

심사위원이 알려 주는 발명대회 준비부터 마무리까지

한 권으로 끝내는 발명대회의 모든 것

1판 1쇄 발행 | 2024년 1월 18일
1판 2쇄 발행 | 2024년 6월 7일

지은이 | 문혜진

펴낸이 | 박남주
편집자 | 박지연
디자인 | 남희정
펴낸곳 | 플루토

출판등록 | 2014년 9월 11일 제2014-61호
주소 | 07803 서울특별시 강서구 마곡동 797 에이스타워마곡 1204호
전화 | 070-4234-5134
팩스 | 0303-3441-5134
전자우편 | theplutobooker@gmail.com

ISBN 979-11-88569-57-1 43500